H₂O 原水文化

15大慢性病
飲食全書

台大營養部【午餐約會】慢性病患飲食保健指南

25位台大醫師與營養師團隊◎合著

目次

【糖尿病飲食處方】

【消化性潰瘍飲食處方】

【腎臟病飲食處方】

作者簡介

作者	現職	學歷
醫　師　團　隊 （依章節順序排名）		
楊榮森	臺大醫院骨科部主任 臺大醫學院骨科教授 臺大醫院骨科部及腫瘤部主治醫師	臺灣大學醫學系醫學士 臺灣大學醫學院臨床醫學博士
梁金銅	臺大醫學院外科教授兼大腸直腸外科主任	臺大醫學院醫學系學士 臺大醫學院臨床醫學研究所博士
盧彥伸	臺大醫院腫瘤醫學部主治醫師 臺大醫學院內科臨床副教授	中國醫藥學院醫學系醫學士 臺大醫學院臨床醫學研究所博士
蘇大成	臺大醫院內科部主治醫師 台大醫學院醫學系臨床副教授 台灣大學職業醫學與工業衛生研究所臨床副教授	臺灣大學公共衛生學系 成功大學學士後醫學系 台灣大學職業醫學與工業衛生研究所公共衛生學博士
陳健弘	臺大醫院內科部主治醫師 臺大醫學院內科副教授	臺大醫學院醫學系 臺大醫學院臨床醫學研究所
莊立民	臺大醫學院內科教授 臺大公衛學院教授	臺大醫學院醫學士 臺大醫學院臨床醫學研究所博士
章明珠	臺大醫院內科部主治醫師	臺北醫學院醫學系學士 臺大醫學院臨床醫學研究所博士
陳永銘	臺大醫院內科部腎臟科主治醫師 臺大醫學院內科副教授	台北醫學院醫學系
黃鶴翔	前臺大醫院泌尿部主治醫師 前臺大醫學院臨床助理教授 成功大學附設醫院泌尿部主治醫師 成功大學醫學院醫學系泌尿學科臨床副教授	中山醫學院醫學系畢業 臺大醫學院生理研究所博士畢業 美國加州大學爾灣分校附設醫學中心泌尿科博士後研究
劉詩彬	臺大醫院泌尿部主治醫師 臺大醫學院泌尿科助理教授	臺灣大學醫學系
高芷華	台灣大學醫學院附設醫院內科部腎臟科主治醫師及畢業後一般醫學訓練內科課程副負責人 台灣大學醫學院醫學系臨床助理教授 台灣大學醫學院共同教育及師資培訓中心研習規劃小組委員及小班教學推展小組委員	台灣大學醫學院醫學系學士 台灣大學公共衛生學院預防醫學研究所碩士 台灣大學公共衛生學院職業醫學與工業衛生研究所博士

作者	現職	學歷
營 養 師 團 隊 （依章節順序排名）		
嚴孟祿	臺大醫學系教授 臺大醫院婦產部主治醫師 臺大醫院醫學研究部副主任	臺灣大學醫學系醫學士 臺灣大學預防醫學博士
黃國晉	台大醫學院家庭醫學科教授兼主任 台大醫院家庭醫學部主任 台灣肥胖醫學會理事長	台灣大學醫學系 台灣大學流行病學研究所博士
廖士程	臺大醫院精神醫學部主治醫師暨 3E2精神科急性病房主任	國立台灣大學流行病學與預防醫學博士
蕭佩珍	臺大醫院營養師	美國俄亥俄州立大學人類營養暨食品管理研究所碩士
彭惠鈺	臺大醫院營養師	輔仁大學食品營養學研究所碩士
翁慧玲	臺大醫院營養師	臺北醫學大學保健營養研究所碩士
歐陽鍾美	台大醫院新竹分院營養室主任 中華膳食營養學會常務理事	輔仁大學食品營養系營養組學士 美國肯塔基大學生化營養碩士 美國塔芙茨大學營養學院博士
黃素華	臺大雲林分院營養室主任	臺北醫學大學保健營養研究所碩士
賴聖如	臺大醫院營養師	臺北醫學大學保健營養研究所碩士
郭月霞	臺大醫院營養師	臺北醫學大學保健營養研究所碩士
鄭千惠	臺大醫院營養師	美國州立愛荷華大學營養系畢業
鄭金寶	臺大醫院營養室主任	輔仁大學食品營養研究所碩士 臺灣大學管理學院EMBA碩士
孫萍	臺大醫院營養師	輔仁大學食品營養學研究所碩士
食 譜 示 範		
許金鳳	臺大醫院營養部治療飲食廚師 前世新大學推廣教育中餐烹調丙級證照講師	中餐烹調考照專業講師 中餐烹調乙級技術士證照 中餐素食烹調丙級技術士

〔推薦序〕 # 從生活中落實健康飲食

　　健康、長壽、有品質的生活，是現代繁忙的社會所夢寐以求。人體需要的營養素有五十種以上，過多與不及都會出問題。如何適量、正確且適時的提供，達到真正健康均衡的營養，有賴於國民的認知，且願意配合去執行，才是降低慢病發生的根本之途。

　　由國人十大死亡原因的資料中，與飲食有關的有癌症、心血管病變、糖尿病、慢 肝病及肝硬化、高血壓、胃腸疾病等，都是可以從日常飲食的節制，而降低罹患率。平時因飲食不當，所造成體重過重、血脂肪過高、血糖控制不易等現象，到了年老時會提高患有慢性病或骨質疏鬆的機會，何況台灣已進入人口老化的時代了，預防勝於治療，閱讀此書更是養生、防老不二法則。

　　臺大醫院營養部，在楊榮森前主任的領導下，不但在臨床營養研究有出色表現外，更在著作論述普及營養知識的努力，大放光彩，不但以每年兩本書的驚人速度，每本更是獲得獎項的殊榮，實在不得不佩服楊前主任在骨科醫療的卓著表現，也能在醫務工作之餘，在管理領導能力的改善措施屢創佳績。出版前，承蒙楊教授邀請寫序，本人深感榮幸及喜悅，特寫此序，不但分享作者們的成果，也慎重並誠意推薦此書給國人朋友分享之。

侯 勝 茂

前行政院衛生署署長

〔自序〕 # 遠離疾病從飲食開始

　　內政部統計資料顯示，多年來，由於政府致力加強公共衛生、改善居住環境，加上國人開始注重健康，營養與保養（衛生習慣）都有所改善，醫療設備及技術又有很大的進步，因此國人死亡率急速下降，平均壽命逐年增高。

　　隨著老年人口增加，以及生育率大幅下降，台灣已達到人口老化的標準。而這種人口結構的改變，也使台灣的十大死因有了變化，除意外事故和自殺外，許多慢性疾病均居高不下，舉凡癌症、心血管疾病、糖尿病、高血壓、腎臟病、肝病等，都成了危及國人生命的首要病因。

　　檢討慢性疾病的發生原因，可發現許多疾病都與飲食生活有關。21世紀的文明環境，進步的電腦文化，都在在顯現出現代人飲食生活不規律的問題。許多人日常作息多變，甚至日夜顛倒，休息、運動和飲食習慣也為配合工作而改變；精緻化、西化的飲食，暴飲暴食或宵夜、應酬飲酒等飲食失衡行為；加上生活及工作上的壓力，都日復一日地侵蝕寶貴的健康。

　　於是，有些人身上同時發生多種疾病，如高血壓、高血脂、心臟病、糖尿病、肥胖、腫瘤、痛風、腎臟病、肝病、胃腸疾病等通常都伴隨發生。若是不改變飲食生活習慣，放任身體健康在無形中漸漸流失，直到症狀明顯才就醫，病情可能已發展至複雜程度，難以控制。

　　常言道：「預防勝於治療」。預防疾病的發生，亦即古人的養生之道，當屬「適當休息」、「運動」和「營養均衡的飲食」，如果日常能注意飲食和運動保健、適當休息，自可防微杜漸、保持安康。另外還有一句老話：「早期發現，早期治療」，如果能及早發現身體的不適徵兆，到醫院尋求專業的醫療專家診治，且輔以正確的營養飲食，對症狀的改善絕對大有功效。人們在發生疾病時，營養的維持非常重要。若只是一味節制飲食，加上患者的胃口可能會因疾病而改變，一不小心就會落入過猶不及的情況。只有適當的營養指導，設計符合個人需求的飲食計畫並落實執行，才能有效達到營養治療的功效——強化體質、增進療效，以及降低許多用

藥的併發症或副作用。因此，如何得到正確的營養飲食知識，已成為當今醫學重要課題。

有鑑於此，臺大醫院營養部特別舉行「午餐約會」，在會中邀請各方面專家，就常見的特定疾病作詳盡說明，並請營養師解說營養治療的觀念；更難得的是，還請廚師製作精美料理，由參與活動者共同享用，以完整傳遞民眾正確的飲食保健之道。

多年來，「午餐約會」活動都很成功，廣受院方及參與民眾的肯定。但也有相當多的民眾反應，他們渴望學到這些寶貴的健康知識，卻無法到場參加。此外，更有非常多參與活動的民眾反映，希望院方能將每次活動傳授的健康知識集結成冊，以作為平時養生保健的參考。為此，臺大醫院營養部再度邀請這些專家共同執筆，就當今國人最常見的疾病，作各方面有系統的探討與解說，完成這本書。本書內容非常豐富且平易實用，書中所提供的寶貴臨床營養經驗，足供國人參考，不但極適合大眾閱讀，更適合營養治療同業或學生參考。

最後，本人謹代表臺大醫院營養部，向書中作者群著書的辛勞致上十二萬分謝意，同時亦感謝原水文化出版社編輯部的用心。此外，儘管本書作者群對書稿已作多次校閱，但錯誤之處在所難免，仍請各方賢達，不吝指正。

楊榮森

前臺大營養部主任／臺大骨科教授

〔前言〕 **認識營養飲食與疾病防治**

楊榮森醫師（臺大醫學院骨科教授）

慢性疾病是國人最常見死因

相信許多國人在受教育過程中，都明白「保健養生之道」，在於養成良好的生活習慣。而所謂「良好的生活習慣」有好幾方面，包括每日應有充分睡眠與休息，早睡早起；維持標準體重，適度運動和從事戶外活動，以增強抵抗力；培養有規律的排尿、通便習慣，戒菸、少喝酒；培養生活情趣，維持心境年輕，抒解壓力，心平氣和，切勿焦躁；還有更重要的是建立均衡適當的飲食習慣，如飲食多樣化，減少脂肪、鹽、酒精攝取量，必要時應針對身體所缺乏的特定營養素作適當補充。除了培養這些良好生活習慣之外，還應定期做身體健康檢查，若有病痛或營養問題，應立即請教醫師或營養師。

如果國人平日都能落實這些保健養生之道，必可延年益壽、快樂平安；但是，真正情形如何呢？根據衛生署統計，民國91年台灣地區共有126,936人死亡，每日平均348人死亡，即約4分零8秒即有一人死亡；到了民國92年，死亡人數共129,878人，平均每4分零3秒就有一人死亡，較91年增加1.9%。

92年十大死因依序為：惡性腫瘤；腦血管疾病；心臟疾病；糖尿病；事故傷害；慢性肝病及肝硬化；肺炎；腎炎、腎徵候群及腎性病變；自殺；高血壓性疾病（93年公布的十大死因仍相同，但心臟疾病已升為第二、肺炎升為第六。）。至於其他常見死因，還包括支氣管炎、肺氣腫和氣喘、結核病、敗血病、胃及十二指腸潰瘍、源於周產期疾病後遺症等。由此顯見，除意外事故和自殺外，國人常見死因

已轉以慢性疾病為主。

交叉分析死亡人數與年齡層關係可發現，0～64歲死亡者僅占34.01%，其他均為65歲以上（高齡者），由此顯示年齡老化成為國人死亡增加的原因之一（93年度死亡者平均年齡為67.6歲，其中五成以上死亡年齡為73歲以上）；而癌症、心血管疾病、糖尿病、高血壓、腎臟病、肺炎、肝病等經年累月形成的慢性疾病，正是危及國人（特別是中高齡者）性命的健康殺手。

不當飲食加速形成慢性疾病

現代人之所以罹患慢性疾病，其實與飲食習慣的大幅改變有關。在遠古時代，由於尋找動物性食物不易，故人類主食為新鮮根莖類等植物性食物。這些食物所含脂肪（特別是飽和脂肪）和鈉量都很低，而膳食纖維、鈣質、各種維生素和礦物質的含量卻很豐富，就營養價值來說，古人的飲食很均衡。

回頭來看現代人，飲食以脂肪與醣類為主；至於膳食纖維、維生素與礦物質等重要營養素，則隨著食物精緻化而減少。而且，由於畜產業發達，使動物性食物大幅增加，導致人們攝取脂肪（特別是飽和脂肪）的比例也大幅增高；加上由糖製作的精製糕點、甜飲料氾濫，無形中增加不少熱量的攝取。

此外，由於供應及費用價格的關係，大部分時候人們難以完全避開這些食物吸引。我們從小時候，即開始毫無節制地進食現代食品，且坊間又常見「199、299元吃到飽」、「免費續杯」等活動，吸引大家吃喝更毫無節制。如此吃得多、動得少，身體所攝取的熱量比消耗的高，自然造成健康的潛在危機，肥胖、心血管疾病、糖尿病、癌症等慢性疾病也逐漸上身。

雖然營養問題會受到經濟、食品工業、基因遺傳、生理特質、環境因素等影響而有所差異，但目前已開發國家所面對的健康問題都很相似，那就是營養不均衡、攝食過量及慢性疾病盛行。許多人出現肥胖情形，但國人營養健康狀況調查結果顯示，營養不足的問題仍時常發生，如飲食缺鈣、女性缺鐵，以及偏食或速食文化造成各種營養素攝取不足，在在顯示國人飲食營養不均衡的現象嚴重；許多人不從飲食習慣改進，反而盲目追求各類減肥藥物，或偏愛各式健康食品、治病偏方，結果自然是危害健康、得不償失。

營養飲食與營養治療

　　儘管醫院仍可見各種急性病症，但不可否認，肥胖症、糖尿病、痛風、心血管疾病、肝病、消化性潰瘍、骨質疏鬆症、尿路結石、腎臟病、攝護腺疾病、更年期障礙、憂鬱症、癌症（包括大腸直腸癌）等慢性疾病，已逐漸成為國人罹病主流。雖然，這些疾病經專業醫療專家診治已可控制，但癒後結果仍與病人本身保健狀況有很大相關性，如果病人能夠確實執行前述的保健養生之道，落實正確營養飲食計畫，治療必可事半功倍。

　　所謂「營養飲食與營養治療」，乃結合營養專業知識，經由適當飲食增進健康，而其重點即在於確切執行。許多慢性疾病的發生，都與飲食習慣有關；但病患們卻往往把自己失去健康的原因，推給工作壓力、生活所逼等外在原因。確實，21世紀的生活特質為工作不規律、作息顛倒，常導致飲食失衡、運動不當或不足，而日益侵蝕人體健康。不過，所謂「事在人為」，只要平日養成良好飲食生活習慣，便可免受許多病痛折磨，即使發生疾病，也可以減輕程度、早日康復。

　　為了幫助民眾認識正確營養餐點的觀念，臺大醫院營養部就長期舉辦「午餐約會」的寶貴心得，商請專家著書介紹上述各種常見慢性疾病的飲食生活保健之道。本書各章節謹就個別疾病，先請專科醫師說明各病現況，並簡介一些相關治療及保健養生的處方，如生活改善法、運動改善法；之後，再請營養師從飲食改善或治療的觀點，介紹遠離疾病的營養飲食原則、烹飪方式等；最後則是由營養師與專業廚師合作，推出各式精美健康食譜，希望讀者不僅能徹底認識疾病，並透過罹病後的膳食療養及生活注意事項來增進療效，更能藉由飲食、生活保健及運動的調整，達到遠離疾病的效果。

營養飲食與「國民飲食指標」

　　長期以來，國人因為營養過剩、飲食習慣西化，使得肥胖症、糖尿病及心血管疾病等慢性疾病逐年增加。政府為了保障國民有充足的營養與健康，特別邀集營養專家學者、營養師、公衛學者等，針對當前國人的飲食營養問題，配合國人的飲食習慣與文化，研議促進健康與預防疾病的飲食原則，供國民作為日常飲食參考，以下為衛生署制定的「國民飲食指標」建議的8項原則：

維持理想體重

　　目前提倡BMI 1824（指18＜BMI＜24），是注重理想體重的最重要活動。理想體重可延壽強身，反之體重過重則會增加慢性疾病如高血壓、高血脂、心臟疾病、中風、糖尿病、關節炎及某些癌症的危險。國民應從飲食控制及運動著手，以達到理想體重之目的。

均衡攝食各類食物

　　每日應均衡攝取六大類食物（參見下節），並選用新鮮食物來製備，以獲得均衡營養，避免發生維生素與礦物質不足的危險。

三餐以五穀為主食

　　五穀類食物可提供澱粉、膳食纖維、蛋白質、維生素與礦物質，營養素種類豐富，可協助維持正常血糖，保護肌肉與內臟組織。而且，這類食物未含有膽固醇，油脂量低，適合作為每日飲食主食。

盡量選用高纖食物

　　膳食纖維可以促進腸道蠕動，降低膽酸再吸收，預防與治療便祕，減少大腸癌和腸憩室症發生，並幫助血糖與血脂控制。因此，宜多食用含有豐富膳食纖維的全穀類、蔬菜類和水果類。老年人如果咀嚼功能減退，可用果汁機攪碎或煮爛再食用。

少吃含油、糖、鹽分高及刺激性的食物

　　油脂與糖分都不是人體必需營養素，但都含有極高熱量，故過量攝取容易造成肥胖；而且攝取過量油脂，還會導致血脂異常、心血管疾病及某些癌症發生的危險。另外，鈉攝取太多會增加高血壓和心臟病的罹病率，並加速鈣質流失，故不宜過量。平日作菜時，也應盡量少用刺激性調味品，如辣椒、胡椒、咖哩粉等。慢性疾病患者除應遵從醫囑服用藥物治療外，更應接受飲食限制。

多攝食鈣質豐富的食物

　　鈣質為骨骼成分，攝取充足的鈣質，可以維持骨骼正常成長，增高骨密度，減少骨質疏鬆症和骨折發生的機率，保障生活品質。反之，如果鈣質攝取不足，不但會形成骨質疏鬆症，還會增加高血壓、大腸癌等罹病率。

多喝白開水

　　水參與體溫調節、消化吸收、營養素運送與代謝、代謝廢物之排除等作用，是人體不可或缺的重要物質。不過，攝取水分應以白開水為宜，各種加工飲料應節制飲用，因其中添加物和糖分都對健康不好。

飲酒要節制

　　酒精不但熱量高，且易造成高血壓、中風、乳癌、肝臟與胰臟發炎、心臟與腦部傷害，孕婦飲酒還會增加胎兒發生「酒精症候群」的危險，因此最好避免飲用。

〔總論〕營養素、食物與調製

楊榮森醫師（臺大醫學院骨科教授）

認識六大類食物

飲食營養均衡，需要攝取足量的營養素，尤其是蛋白質和熱量。每日的飲食內容應多樣化，熱量調配均衡，且各類食物的比例適當，避免過量。一般而言，每日飲食應包含以下六大類食物，食用份數則依照熱量需求組合。

◆五穀根莖類

也稱為「主食類」，因為它們是人體所需熱量的最主要來源，主要功能在於供給醣類及一部分蛋白質，以及少部分必要維生素（如維生素 B 群）與礦物質。「五穀類」食物通常作為主食，如米飯、米類製品、小麥與麵粉類製品、玉米（最好選擇糙米、全麥麵食等全穀類食品），及綠豆、紅豆等種子類；「根莖類」食物則通常作為配菜，如馬鈴薯、甘藷、芋頭、蓮子、蓮藕等，食用時必須減少同餐五穀類分量，以免醣類攝取過多。

每日攝取總熱量建議

每日攝取總熱量＝標準體重×25 大卡（清閒工作者）
　　　　　　　　　×30 大卡（中度工作者）
　　　　　　　　　×35 大卡（重度工作者）

註：清閒工作者指家庭主婦或坐辦公桌的上班族、售貨員；中度工作者指業務人員等經常四處走動的工作者；重度工作指從事搬運等粗活的勞工朋友。

◆蔬菜類

含有大量的膳食纖維、維生素及礦物質，營養價值極高，而且可以製造飽足感、避免過食。蔬菜類可分為深色蔬菜類（如菠菜、青江菜、空心菜、地瓜葉、胡蘿蔔等）、淺色蔬菜類（如黃瓜、冬瓜、大白菜、高麗菜、萵苣、竹筍等）、豆類（如菜豆、豌豆、毛豆等）、菇蕈類（如香菇、金針菇、木耳等）和海產植物類（如海藻、紫菜、海帶等）。每類蔬菜的重要營養素都不太相同，如深色蔬菜富含維生素Ａ、Ｃ及β胡蘿蔔素，豆類富含維生素Ｂ群，菇蕈類和海產植物類含有天然的膠原蛋白，因此平日食用蔬菜類應盡量多元化，且每日攝取量至少要有300公克（約三碟）。

◆水果類

包括生鮮水果與純果汁，富含維生素、礦物質及部分醣類。依其所含營養素，可分為高β胡蘿蔔素水果（如木瓜、芒果、哈密瓜等）、高維生素Ｃ水果（如柑橘、柳丁、葡萄柚、芭樂等）、高茄紅素水果（如番茄、西瓜等）。不過要注意，由於水果類含大量果糖，熱量較高，所以不能吃太多，每日宜限制在2～3份之間。

◆奶類

是優質蛋白質和鈣質的來源，包括鮮奶、奶粉、保久乳、優酪乳、優格、乾酪等各種奶製品，每日至少攝取一份（約240cc）以上。

◆肉魚豆蛋類

富含蛋白質和脂肪，動物性食品包括包括蛋類、魚類、海鮮類、雞、鴨、鵝、豬、牛、羊等；植物性食品包括黃豆、豆腐、豆乾、豆漿等。每日攝取份數依熱量消耗不同，從 3 ～ 5 份不等，且應以脂肪少的食品為宜。

◆油脂類

可供給人體熱量，增添料理的美味。油脂類可依來源分為「動物性油脂」、「植物性油脂」及「堅果種子類」。

動物性油脂（如奶油、牛油、豬油、雞油等）含飽和脂肪酸，宜少使用；植物性油脂則可依脂肪酸結構，再分為含飽和脂肪酸者（如椰子油、棕櫚油）、含單元不飽和脂肪酸者（如橄欖油）、含多元不飽和脂肪酸者（如大豆沙拉油）、花生油、芥花油、葵花油等)；至於堅果種子類（如花生、腰果、瓜子、芝麻等），也含有不飽和脂肪酸，雖然是比較健康的油脂，但因熱量很高，所以還是少吃為宜。

認識五大營養素

充足的營養，可以健全身心、增強抵抗力，對抗感染性疾病、降低某些疾病的發生。以下，就是人體不可缺少的五大營養素：

◆醣類

為主要的熱量來源，1 公克醣類可產生 4 大卡熱量。醣類可節省蛋白質的消耗、維持脂肪代謝，若攝取量不足，會影響代謝、缺乏活動力，甚至造成神經細胞受損。不過，也不能攝取太多，因為多餘的糖分會轉變成脂肪，造成肥胖。

醣類的最佳來源，是胚芽米飯、全麥麵食、馬鈴薯、番薯等五穀根莖類食物，因為其含有豐富的澱粉、膳食纖維及維生素等多種必需營養素，可選為三餐主食。但仍不宜攝食過多，否則多餘的澱粉易引人發胖。

◆蛋白質

蛋白質是身體組織重建的基本素材，也可以產生熱能，1 公克蛋白質可以產生 4 大卡熱量。蛋白質攝取不足，會導致生長發育不良、抵抗力減弱和貧血；攝取過多，會增加腎臟負擔與鈣質排泄，還有可能造成酮酸中毒。

一般來說，每 1 公斤體重約需蛋白質 1 公克。植物性蛋白質應占每日蛋白質總攝取量的三分之二，其餘由動物性蛋白質補充。建議大家多攝取優良蛋白質，如牛乳、豆腐、豆漿、魚、雞肉、瘦肉等，特別是牛乳和大豆製品可同時提供鈣質，應多食用。

◆脂肪

也是熱量來源，但 1 公克脂肪可以產生 9 大卡熱量，比醣類和蛋白質高一倍以上，因此應減少攝取，否則不但會導致肥胖，還容易引發心血管疾病，並增加罹患大腸直腸癌等癌症的風險。

平日應避免高脂肪飲食，避開油炸、油煎食品，以及油酥、酥油點心、蛋糕等。此外，肥肉、培根、香腸、豬油、牛油、奶油、蛋黃、蝦蟹、動物性內臟（如腦、腎、心、肝）、豬皮、雞皮、魚皮、牡蠣、魚卵、蝦卵等「動物性脂肪」，含有多量飽和脂肪酸和膽固醇，易導致動脈硬化、高血壓、腦血管病變等慢性疾病，應節制食用。至於烹調用油，最好選用植物性油脂，因為除了椰子油、棕櫚油外，大多植物性油脂都含有不飽和脂肪酸，可供應人體必需脂肪酸，幫助脂溶性維生素的吸收與利用。

◆維生素

維生素的主要作用是參與體內代謝，不會產生熱量，可分為水溶性與脂溶性兩類，維生素 B 群（包含維生素 B_1、B_2、菸鹼酸、B_6、B_{12}、葉酸、泛酸、生物素等）及維生素 C 是水溶性維生素，維生素 A、D、E、K 則為脂溶性維生素。其中，維生素 C 和 E 是很重要的抗氧化劑，可對抗自由基，防止老化。

平日我們應攝取多種維生素，以避免各種維生素缺乏症發生，如夜盲症、乾眼症、腳氣病、皮膚炎、口角炎、神經炎、癌症、心臟病、胎兒畸形問題等。不過，由於脂溶性維生素容易在體內蓄積，因此一般維生素補充劑不可服用過量，最好從天然食物攝取，如新鮮的深綠色、深黃色蔬果（這類食物通常還含有抗氧化劑 β 胡蘿蔔素，營養價值很高），以及富含維生素 B 群的全穀類（如糙米、胚芽米、燕麥、全麥麵食等）、豆類、菇類。如果真有必要服用維生素補充劑，最好先請教醫師或營養師。

◆礦物質

礦物質種類很多，包含鈣、鐵、銅、鎂、鋅、磷、鈉、鉀、硒、硫等，可調節生理機能。其中，國人最容易缺乏的是鈣和鐵，以致經常發生骨質疏鬆症和缺鐵性貧血。

如果想多攝取鈣質，不妨多食用奶類及其製品，以及帶骨小魚、魚乾、蝦米等；如果想多攝取鐵質，則不妨常吃全穀類及其製品。此外，綠葉蔬菜、深色水果、豆類及其製品、海帶、堅果種子類食物（如核桃、南瓜子、芝麻等），也都含有豐富的礦物質。

健康飲食基本原則

◆少糖

醣類可分為單醣（葡萄醣、果糖）；雙醣（蔗糖、麥芽糖、乳糖）及多醣類（澱粉、膳食纖維）。其中，單醣、雙醣都會使血糖急遽升高，且易轉化為脂肪堆積，所以應盡量少吃甜食及精製糖類製品，如糖果、餅乾、蛋糕、巧克力、奶昔、煉乳、蜂蜜、汽水可樂、罐裝果汁、冰淇淋，以及中西式點心及節慶應景食品等。如果真的很想吃甜食，可以選用糖分較低的水果，或是用代糖自製甜品。

◆少油

在烹調時，應多採用清蒸、水燙、涼拌、燉煮等方式，少用油炸、油煎處理食物，以免攝取過多脂肪。炒菜則宜選用單元不飽和脂肪酸高的油品（如花生油、橄欖油），少用飽和脂肪酸高的油品（如豬油、牛油）。此外，應選擇脂肪量較少的雞肉、魚肉等肉類或豆類，避開加工肉品，以免吃下太多隱藏性油脂。

▲ 烹調時，多採用水燙方式處理食物。

◆低鈉

鈉的攝取要適量（世界衛生組織對成人的建議量，為每日不超過2400毫克，約等於6公克鹽），才可避免罹患高血壓、心臟病和腎臟病。平日應節制食用含鈉高的食物，包括鹽醃食品（如泡菜、醬瓜、蘿蔔乾、滷肉、豆腐乳）；煙燻或碳烤食品（如香腸、板鴨、臘肉、火腿）；罐頭食品（如肉醬、沙丁魚），以及麵線、油飯、甜鹹蜜餞、甜鹹餅乾等加工食品（因其添加了鈉含量極高的鹼蘇打、發粉或鹽）。此外，調味品（如鹽、味精、番茄醬、味噌、烏醋）也含有鈉，應節制使用。

▲ 盡量避免攝食煙燻或碳烤食物。

◆高纖

　　膳食纖維可以增加飽足感，減少不必要的熱量攝取，又能幫助清腸胃、降血脂，延緩血糖上昇的速度，預防便祕、肥胖症等多種疾病發生，所以，平日飲食應以「高纖」為宜，如以全穀類及其製品，來取代精緻的白米飯或麵條、土司；每天至少五蔬果，而且最好是含膳食纖維多的如菇蕈類食材。此外，選用乾豆類（如黃豆、豆莢）來取代部分肉類作菜，或是以添加代糖的綠豆湯作為甜品，也是增加膳食纖維攝取的好方法。

▲ 多攝取如菇蕈類含膳食纖維多的食材。

◆輕食

　　料理應以柔軟淡味為主，避開過度刺激性口味，最好使用天然佐料與調味料，來調配色、香、味。食材宜經常變化，依季節選擇容易消化的新鮮優質食材，以達到均衡營養的目標。

　　進餐時，保持心情愉快、細嚼慢嚥，可以讓消化更好、避免過食。

　　總而言之，罹患疾病與不當的飲食觀念、食物選擇與製備之間，有著密切的關係，只有建立正確的飲食習慣，才能夠促進健康。近年來，國人的慢性疾病已經超過急性傳染病，成為健康的最大殺手，除了提倡全民注意身體保健外，養成適當的營養觀念，落實在日常飲食生活中，才能讓疾病的防治事半功倍，使大家都能遠離疾病、長保健康。

近二十多年來，癌症始終蟬聯十大死因之首，光是民國93年每日即約有百人死於癌症。而且，癌症不單高居中老年人死因之首，也是中壯年人口（即25～44歲）的奪命主因，顯見其威脅性之大。

衛生署資料顯示，民國93年間，國人因癌症而死亡的人口，占所有死亡人數的27.2％，約每四人就有一人死於癌症。

十大癌症首位為肺癌，肝癌緊接在後，第三至十名依序為結腸直腸癌、女性乳癌、胃癌、口腔癌、子宮頸癌、攝護腺癌、食道癌及胰臟癌等。單是前三大癌症死亡人數，就占了癌症死亡人數近五成。

男性癌症死亡率為女性的1.7倍，兩性癌症死亡平均年齡為66歲。

個論 1

癌症

飲 · 食 · 處 · 方

諮詢專家

盧彥伸
現職：臺大醫院腫瘤醫學部主治醫師
學歷：私立中國醫藥學院醫學系／臺大醫學院臨床醫學研究所博士班肄業

梁金銅
現職：臺大醫學院外科副教授兼大腸直腸外科主任
學歷：臺大醫學院醫學系學士／臺大醫學院臨床醫學研究所博士

蕭佩珍
現職：臺大醫院營養師
學歷：私立中國文化大學食品營養學系／美國俄亥俄州立大學人類營養暨食品管理研究所碩士

〔請教醫師〕 認識**癌症**

盧彥伸醫師（臺大醫院腫瘤醫學部）

何謂癌症

簡單來說，癌症是人體正常細胞因外在因素或內在基因影響產生突變，而不受體內自律性約束的異常增值。癌細胞經常具有侵犯性及蔓延性，並散播到身體其他部位。

癌症的發生原因

癌症的產生，通常是多種誘因經長期演化而被引發。這些誘因，包括食物（如烈酒、煙燻、醃漬食品等）、煙草、病毒感染（如 B 型及 C 型肝炎）、遺傳或環境因素（如長期接觸石綿、鎳、氯乙烯等有毒物質）。隨著年紀愈大，暴露於致癌因子的可能性愈大，得癌症的機率也愈高。一般人在年過四十歲以後，更需注意癌症的發生。

造成癌症形成的刺激，可分為「體內」及「外來」兩類。所謂體內，就是指內在因素，包括遺傳、種族、年齡、性別、荷爾蒙及免疫等因素。外來的刺激，即所謂外在環境因素，可分為「物理性」、「化學性」及「病毒性」刺激。舉例來說，長期暴露於紫外線下易罹患皮膚癌，即是物理性刺激；而化學性刺激即是所謂的致癌物質，例如石綿造成肺癌、聯苯胺造成膀胱癌等，這在日常生活中經常可見；至於台灣常見的鼻咽癌，則被發現與病毒感染有密切關係。

雖說如此，癌症的發生原因往往錯綜複雜，是多種因素共同作用或交互作用所形成，絕非單一因素能解釋清楚。下表，就是台灣常見癌症的危險因子，僅供讀者參考。

台灣常見癌症的危險因子

癌症名稱	危險因子	補充說明
口腔癌	1.嚼檳榔。 2.吸菸。 3.喝酒。	其他如營養狀況、人類乳突病毒感染、口腔衛生不良及口腔疾病史，都曾被指出和口腔癌有關。
鼻咽癌	1.EB病毒（其主要傳播途徑是透過唾液交換，另外打噴嚏、咳嗽、共用食具和輸血也有可能會造成感染）。 2.家族聚集。	其他如飲食習慣（如廣東鹹魚、蔬菜攝取量太少）、職業暴露（如建築、金屬及木業的粉塵，汽車燃料及其他特定化學物質等）、吃草藥等，也被認為與鼻咽癌有關。
胃　癌	1.喝酒。 2.吸菸。 3.飲食（醃、燻食物中，含有相當高的亞硝酸及其相關物質，曾被指出與胃癌的發生有關）。	曾有胃部疾病、惡性貧血，或動過胃部手術的人，發生胃癌的機率會增加。另外，遺傳因素也與胃癌有關。
大腸直腸癌	1.肥胖。 2.飲食（高脂肪、肉類、膽固醇的攝取，以及欠缺維生素、膳食纖維的飲食，都與大腸直腸癌的發生有關）。 3.家族病史（有大腸直腸癌家族性遺傳的人，罹癌機率也很大）。	有其他腸道疾病的人，發生癌變的機率也很大。
肝　癌	1.B型肝炎病毒。 2.C型肝炎病毒。 3.黃麴毒素（常存在於發霉的花生及其製品）。 4.喝酒。 5.吸菸。	
肺　癌	1.吸菸。 2.室內、室外空氣污染。	職業暴露、放射線暴露，也都與肺癌的發生有關。
膀胱癌	1.職業化學物。 2.吸菸。 3.人工甘味。	

癌症的診治

◆癌症的診斷

　　除了部分癌症（如女性乳癌及子宮頸癌等），醫師會建議定期接受健康檢查篩檢之外，許多癌症都無法透過健康檢查早期發現、早期治療以減少死亡率，因此，民眾必須自己注意身體有否異狀出現。請留意以下癌症警訊，雖然很多其他疾病也會出現相同症狀，但還是強烈建議你，如果有以下異常症狀出現，請務必盡快就醫諮詢檢查：

- 大小便習慣改變。
- 表皮傷口或胃潰瘍遲遲不癒合。
- 身體特定部位的疼痛久未改善。
- 身體有不正常出血或有異常分泌物流出。
- 乳房、睪丸或其他組織器官，出現腫脹、增厚或有實質硬塊的存在。
- 吞嚥困難，或腸胃道消化功能異常。
- 身體上各種痣或疣最近有異常變化。
- 持續性長久咳嗽或聲音沙啞。
- 不明原因的體重減輕，久未改善。
- 不明原因的長期發燒或全身倦怠，久未改善。

　　醫師會根據病人的症狀安排適當的檢查，例如抽血、胃鏡、大腸鏡及影像學檢查等。不過，最後確定診斷的方式，仍是透過切片或穿刺取得癌細胞，做病理學或細胞學檢查，絕非依靠坊間所推銷的抽血檢驗癌指數等方式。

◆癌症的治療

　　當病人不幸被證實罹患癌症時，其反應往往是拒絕相信或接受這個診斷。有些人因此四處亂投醫，做一大堆不必要的檢查，結果反倒延誤病情；有些人則是尋求「民間祕方」，耽誤了正當的治療，兩者皆造成遺憾。

　　在此要告訴大家，理論上，所有癌症都有機會可以治癒！癌症發現得愈早，治癒率愈高，甚至可高達80～90%。其中，藉由篩檢可獲得早期診斷效果的，有子宮頸癌、乳癌、胃癌、大腸直腸癌及頭頸癌，所以癌症並非等於「絕症」，請患者

不要絕望、害怕而放棄希望。抱持積極、主動的態度，不要猶疑，勇於接受正確的治療過程，並配合飲食、生活的改善，對於抗癌絕對有所幫助。

　　不同的癌症，有不同的治療方式，目前主要的治療武器包括手術切除、放射治療、化學治療等。隨著醫學的進步，許多新的抗癌治療藥物陸續發明，如對抗癌症特有受體的抗體治療，以及抑制癌症血管新生的藥物或抗體治療；此外，還有針對癌細胞特殊訊息傳遞路徑的弱點，所設計的分子標靶藥物治療等。因此，現今的癌症治療成功率及癌症病人的存活期，比起以前都有明顯的進步。

如何預防癌症

　　癌症已是國內十大死亡原因之首，一般人幾乎是「聞癌色變」；不過，癌症並非絕症，如果人人都能對癌症有充分的認識及注意防範，很多癌症都可以預防。醫學研究顯示，只要避開致癌因子，即使是遺傳性癌症，也能降低誘發率，因此，一般人只要改善日常生活與飲食習慣，就能避開體內及外來的刺激因子，達到良好的防癌效果。

◆日常生活的改善

- 戒絕吸菸，避免二手菸。
- 不嚼檳榔。
- 防止強烈陽光過度曝曬。
- 避免接觸化學溶劑、染料、石綿塵、殺蟲劑，及污濁的空氣、雨水。

- 避免暴露於放射線中，少照不必要的 X 光。
- 避免服用不必要的藥物，也不要隨便服用荷爾蒙。
- 經常適當運動。
- 婦女應定期做子宮頸抹片和乳房自我檢查。
- 有癌症家族史的人，或是癌症高危險群的人（例如 B、C 型肝炎帶原者，及長期抽菸者），要定期做健康檢查。

- 學習自我初步防癌檢查，發現有任何不正常時，應立即請醫師診斷。
- 學習抒解壓力、保持心情愉快。

◆日常飲食的改善

- 注意營養均衡（例如攝取富含維生素 A、C 的食物，可降低胃癌罹患率）。
- 食物要新鮮，避免久存產生毒素。
- 多吃富含維生素、膳食纖維的全穀類及蔬果（深色蔬果更佳）。
- 少喝酒。
- 少吃太燙、太鹹、有刺激性的食物。
- 少食用含過量香料（人工甘味）、色素、防腐劑等添加物的加工食品或零嘴飲料。
- 少攝取動物性脂肪。
- 魚肉蛋奶豆有豐富蛋白質，應適量攝取。

其實，所謂「飲食防癌」只有兩大基本原則：一是「不讓可能致癌物在體內產生」；二是「增加人體排除毒素的速度」。因此，一般較粗糙的食物，如全穀類（胚芽米、糙米、全麥麵包或麵條等）、蔬菜、水果等，因為膳食纖維含量很高，在人體內部不僅可以吸收毒素，更可加速其排除，所以應該多吃；相反地，過於精緻的食物，如白米、白麵、高油脂食物、高糖甜點等，就要少吃。

市面上到處可見各式標榜「抗癌」、「防癌」的健康食品與藥品；消費者也常抱著「有病治病、沒病強身」的心態，趨之若鶩。然而，就預防癌症來說，目前沒有一種健康食品或藥品，真正通過嚴謹的臨床試驗，證實有任何預防的效果；當然，更沒有一種食品或藥品可以治癒癌症。因此，一旦不幸罹癌，請立刻遵循醫囑治療，千萬不要誤信宣傳而延誤醫治。

談大腸直腸癌

梁金銅醫師（台大醫院大腸直腸外科）

　　近20年來，台灣地區的大腸直腸癌發生率節節上揚，目前已高居台灣地區十大癌症死因的第三名，究其原因有以下三點：

❶診斷工具進步，使得大腸直腸癌的診斷率提高。

❷人口結構老化，眾所周知，大腸直腸癌常發生於中老年人身上。

❸生活環境變化，即飲食西化。

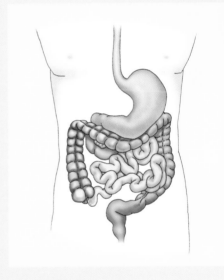

　　在這三點中，一般咸認「飲食西化」，是造成大腸直腸癌發生率上揚的最重要因素。回顧台灣經濟發展的歷史，早期先民「篳路藍縷，以啟山林」，大家生活困苦、飲食粗糙，食物保存方法不佳，醃漬食物攝取頗多，所以罹患胃病甚至胃癌的病人相當多；然而，隨著經濟起飛，飲食逐漸精緻與西化，國人罹患消化道疾病的型態也有了變化，如今便祕、痔瘡，甚至大腸直腸癌的病患數目，已顯然超過胃病患者。

　　目前大腸直腸癌的發生率，以歐美、澳洲、紐西蘭等先進國家最高，約每十萬人口60～70人左右；台灣的發生率，則約在每十萬人口25人左右，以此推算，台灣每年約有5000位新病例。由此可知，大腸直腸癌實在是不容忽視的疾病。

大腸直腸癌的形成原因

　　大腸直腸癌起源於腸黏膜細胞的變性與增生。眾所周知，腸黏膜含有許多分泌消化液的腺體，因此，大腸直腸癌絕大多數屬於「腺癌」，即這些腫瘤組織在病理切片下，仍然具有「腺體」的外觀。

　　然而，癌細胞畢竟與正常黏膜細胞不同，其分化程度亦有高下，分化良好者，會有腺體外觀；分化不良者，則細胞排列紊亂。醫師根據這些病理切片的描述，即可預測癌細胞的「惡性度」，即使病患們得到同樣一種癌症，亦有生物學侵襲性不同的差別。

　　到底是什麼原因，造成正常黏膜生長紊亂呢？這其中牽涉到腸黏膜細胞內在與外在

因素。「內在因素」與個人體質有關，如細胞內遺傳物質的老化（台灣地區大腸直腸癌的發病平均年齡約為62歲），和遺傳基因素質不良。研究顯示，大腸直腸癌的患者中有少部分（約在5%以下）具有遺傳傾向，即家族中有多人罹患癌症，所以具有此傾向者，應在醫師指示下，進行家族篩檢與定期檢測。

　　至於「外在因素」，最常被提到的有飲食型態與環境污染。目前認為高纖食物攝取太少、食用太多肉類，或食物太精緻化，會拉長糞便通過大腸的平均時間，使致癌物在腸道內停留太久，造成罹癌機率大增。除此之外，還有一些常被提到與大腸直腸癌有關的因素，包括肥胖、脂肪攝取過多、體能活動量少，食物中葉酸、鈣質、維生素或抗氧化劑攝取不足等。雖然，上述諸多致癌因子，目前仍尚未有定論，但還是小心為宜，盡量避開。

大腸直腸癌的診斷

　　目前對抗大腸直腸癌的最佳策略，仍是「早期診斷，早期治療」。不論大腸直腸癌的致癌機轉為何，絕大部分的大腸直腸癌都是由良性息肉逐漸演變而來，因此，如果能在癌變之前將息肉切除，自然是遏止大腸直腸癌最簡單有效的方法。

　　以下，就是醫師診斷大腸直腸癌的依據：

（一）從腹脹、糞便來觀察：

　　大腸直腸癌大部分發生在乙狀結腸和直腸部，其症狀依發生位置而有所差別。一般來說，發生於右側大腸的癌症，較常表現的是：大便出血或有潛血反應，以及貧血現象。而發生於左側大腸的癌症，則會表現在排便習慣的改變（一般人每天大約排便次數為1～3次）。

　　癌症發生於直腸或乙狀結腸時，病人常會有大便次數增加、想解大便但解不出來、大便有些黏液出現且混著血液。另外，腹脹、腹痛、體重減輕，或不自覺地摸到腹部有一個腫塊等，亦是大腸直腸癌的常見症狀。至於病人表現出肝臟腫大，或甚至出現腹膜炎、極度腹脹等症狀時，大抵表示癌變已發展至相當程度了。

（二）診斷工具的使用：

　　由於大腸直腸癌的初期大都沒有症狀，因此醫師在聆聽病人的主訴後，常會藉助下列檢查工具，以確定癌症的存在甚至分期：

❶大便潛血的檢查：建議所有超過40歲的成人，每年應做一次健康檢查，而且健檢項目一定要包括大便潛血檢查。在實施大便潛血檢查時，食物或藥物的使用都必須根據醫師指示有所限制，以免發生檢查偽陽性和偽陰性的情況。

❷肛門指診：也許病人會覺得不太舒服，不過肛門指診對直腸癌的診斷實在具有相當價值。值得強調的是，大部分的直腸癌，都是在醫師手指可以達到的範疇。假如你因直腸肛門症狀去找直腸外科醫師，而他沒有為你做肛門指診，表示該醫師

並沒有重視你的問題。

❸**大腸鏡檢查**：健檢最好必須包括大腸鏡檢查，因為它既不昂貴，效果也彷彿「照妖鏡」一般，能在電視畫面上直接看到任何大腸的腫瘤；至於一些良性的息肉性病灶，也可以透過大腸鏡直接做切除手術。不過，某些病患對大腸鏡過程的痛苦無法忍受，因此醫師可能會依情況予以合宜措施，必要時，會藉助其他檢查方法做進一步確認。

❹**鋇劑灌腸攝影**：此檢查方法可以補救上述大腸鏡檢的不足情況，另外也可輔助腫瘤的定位。

❺**癌胚抗原（CEA）檢查**：由於專一性並不高，所以並不用在第一線篩選檢查。不過，對於高度懷疑的病患，此法亦不失為一種良好的診斷佐證工具。

❻**腹部超音波**：可以了解是否有肝轉移的情況，若仔細觀察，亦可對腹腔內的腫瘤做進一步偵測。

❼**電腦斷層檢查（CT）或核磁共振掃描（MRI）**：可對腫瘤在腹腔或骨盆腔的侵犯情況做進一步評估。

❽**胸部 X 光檢查**：當懷疑病患有肺轉移時採行。

❾**骨骼掃描**：確定病患有否骨骼轉移。

❿**正子掃描（PET）**：比電腦斷層檢查或核磁共振掃描更精準，只是目前健保尚未列入給付範圍，病患需自費約四萬元。

大腸直腸癌的治療

目前大腸直腸癌的治療，仍以手術切除為主。由於大腸的主要功能是吸收水分和礦物質，以及製造一些維生素，因此，切除大半的大腸對整體功能並無重大影響。

一般大腸癌切除原則，是除了將癌症所在的那一段腸管切除之外，尚須加上淋巴結的廓清。由於淋巴結的走向與腸道血管平行，所以，淋巴結的廓清範圍，常是參照血管的走向而定。

至於直腸癌，則必須「因地制宜」，一旦直腸癌發生於遠端直腸，也就是距離肛門口 6～8 公分以內，要做根治性手術，常必須將肛門及其周圍的組織切除，此後，病人就必須終身仰賴開口於腹壁表面的「人工肛門」排便。

由於一般病人較無法接受「沒有肛門」的事實，加上近來縫合器械也進步不少，所以，一旦病人為了「肛門保留權」力爭到底，醫師也會勉為其難，將切除腫瘤後的腸管接合，保留肛門。或者也會考慮術前為病患進行同步放射線治療及化學治療，待腫瘤縮小後，再施予肛門保留手術。

不過，這些病患術後會有大便頻率過高的情形（因為肛門附近括約肌已破壞）。另外，直腸癌病患在手術後，也可能會併發排尿與性功能障礙。

大腸直腸癌的預後情況

大腸直腸癌的預後與分期有極大相關性,一般大腸癌可分成四期,且其五年存活率依次遞減。第一期的病人大抵可以治癒,其五年存活率高達90%;相對地,第四期的病人五年存活率,則只有10～20%而已,由此可見「早期診斷,早期治療」的重要性。

至於大腸直腸癌的輔助療法,包括放射線治療及化學治療。放射線治療以術前實施效果較佳。而化學治療以5-Fu和Leucovorin 兩種藥物為主,通常癌症在第二期以上方才建議化學治療。目前即使第四期的病患,亦有Oxaliplation和Irinotecan這兩種藥物可以治療,因此整體來說,大腸直腸癌的治療成績,要比其他消化道癌症來得好。

大腸直腸癌的預防

❶ 主食中增加蔬菜與水果的攝取量,點心也盡量以蘋果或柑橘等蔬果,來取代巧克力、餅乾或炸洋芋片。

❷ 切忌抽菸與飲酒過量。

❸ 減少動物性脂肪及熱量過度攝取。食用肉類時,盡量以魚類或家禽,取代牛肉、羊肉和豬肉。

❹ 增加體能活動量,並避免肥胖。

❺ 50歲以上的成年人,盡量定期接受乙狀結腸鏡的篩檢。

❻ 當發現大便出血、排便習慣改變、想解大便但老是解不出來,或有腹部絞痛等症狀,一定要盡速找醫師診察。

❼ 家族中有人罹患癌症或家族性大腸腺性息肉(FAP)者,一定要及早接受大腸直腸癌篩檢。

❽ 阿司匹靈和其他非類固醇消炎藥(NSAIDs),以及女性荷爾蒙補充療法(HRT),目前已漸被公認具有預防大腸直腸癌的效果,屬於高危險群的健康成年人,可在醫師建議下服用。

〔請教營養師〕 **遠離癌症飲食指南**

蕭佩珍醫師（臺大醫院營養部）

防癌掌握在自己手中

依據93年十大死因，癌症已連續23年蟬聯第一，平均每四名死者就有一名因癌症死亡。對於這個沈默可怕的隱形殺手，你是否也聞癌色變？還是你一直懷疑，自己怎麼可能會罹患癌症？

在臨床上，每每看到癌症病人，承受化學治療或放射線治療所帶來的痛苦時，心中不免感嘆「預防勝於治療」不應只是淪為口號而已。一般大眾都不知道，藉由正確的飲食、維持理想體重及適當運動，就能預防30～40%的癌症發生，而戒菸亦能減少30%以上的癌症發生，因此可以這麼說，防癌有70%是掌握在自己的手中。

怎樣吃最健康

◆均衡飲食

每天從六大類食物中，均衡地攝取各種食物，且以植物性食物來源為佳，並養成不偏食或暴飲暴食的習慣。

◆每天攝取五份以上不同蔬果

盡量每餐都能吃到新鮮的蔬菜及水果（避免乾燥或油炸過的蔬果乾），而且種類應多元化。新鮮蔬果富含膳食纖維、維生素與礦物質，其中，除了膳食纖維早已被肯定能減少大腸癌的發生率外，維生素A、C、E也是很好的抗氧化劑。此外，現在最熱門的營養物質多

酚類，如茄紅素，普遍存在於番茄、草莓等蔬果中；至於青花素，則可在葡萄、紫甘藍中發現其存在，這些抗氧化劑，均有助清除體內自由基，減少癌症的發生。

◆避免過量的油脂，尤其是飽和脂肪

攝取過多的油脂，除了會造成肥胖及增加膽固醇外，往往也會增加罹患乳癌、大腸癌、攝護腺癌、膽囊癌的危險。根據流行病學報告，喜好吃紅肉者，容易罹患乳癌、大腸癌與攝護腺癌，這可能與紅肉脂肪組成多為飽和脂肪有關。

◆不吃醃漬、燻烤、油炸及含硝酸鹽食物

醃漬、燻烤、油炸及含硝酸鹽食物，在製備過程中，會產生或添加致癌有毒物質，如果吃進體內，便會造成身體的傷害。

◆避開受黃麴毒素污染的食物

黃麴毒素會造成肝癌，因此，選購或保存花生、玉米、穀類等容易遭黃麴毒素污染的食物，應特別注意。

◆不吃檳榔、飲酒應適量

在台灣，嚼食檳榔是造成口腔癌的主要原因，致病危險率高達 28 倍。過量飲酒，也會引發口腔癌、食道癌及肝癌。研究顯示，B 型肝炎帶原者，如果有飲酒習慣，則其罹患肝癌的機率比不飲酒的人多 4 ～ 5 倍。

除了上述原則，並多吃具有養生防癌效果的食物（參見下表）外，在日常生活中，也應建立正確的飲食習慣。此外，維持正常的體重及適當運動也相當重要。目前已知，肥胖與乳癌、大腸癌、膀胱癌及胰臟癌等癌症有關，只有適當的運動結合良好的飲食模式，才能讓癌症遠離。

抗癌的最佳食物

食物名稱	防癌效果
番　茄	含有豐富的茄紅素,是強力的抗氧化劑,煮熟後轉為脂溶性型態更易為人體吸收。此外,番茄內的穀胱甘肽是細胞代謝不可或缺的物質,有助清除體內自由基、延緩老化,減少癌症發生。
花椰菜	屬十字花科甘藍類蔬菜,除了含有豐富的膳食纖維,能幫助排便外,還富含多種抗氧化劑,如穀胱甘肽、維生素 C 及 β 胡蘿蔔素,有助防癌及抗氧化。吲哚類及含硫物質這兩種抗癌物,亦存在於十字花科蔬菜中,可提升體內抗癌酵素的合成,降低致癌物質對細胞的傷害。值得注意的是,青花菜的效果比白花菜為佳,近來甚至發現,花椰菜苗中的含硫物質高達花椰菜的 10 ～ 100 倍。
黃豆及其製品	黃豆中的異黃酮,能抑制細胞突變,阻礙動情激素,進而預防乳癌、卵巢癌的發生。黃豆製品如豆腐、豆漿、豆乾等,亦具有防癌效果。
綠　茶	每天喝 3 ～ 4 杯的綠茶,可以抗癌。因為綠茶含有豐富兒茶素,能抑制癌細胞的分裂與生長,還能預防血管硬化。
深海魚	鮭魚、鱈魚、秋刀魚、鮪魚及沙丁魚,含有 EPA 與 DHA 的 omega-3 脂肪酸,不但能降低血脂肪,預防心血管疾病,還可以減少發炎反應。用深海魚取代部分紅肉(如牛肉或豬肉)的攝取,不但可獲得豐富的蛋白質營養,亦不需擔心吃進太多的飽和脂肪。

〔健康廚房〕 **遠離癌症食譜示範**

蕭佩珍營養師／食譜設計

全穀類及豆類中的皂角甘，能中和腸道中的致癌酵素；紅豆是優良蛋白質來源，更含有豐富纖維素，可代替部分白米飯。

薏仁所含的蛋白質約為米的兩倍，纖維素也是米的兩倍以上，且有抗癌作用，能抑制癌細胞的增殖和轉移。

紅豆薏仁飯

》**材 料**

白米 1 又 1/5 杯、紅豆 1/5 杯
薏仁 1/5 杯

》**作 法**

1. 將紅豆與薏仁洗淨泡水 4 小時。
2. 白米洗淨後，與其他材料混合，加水 2 杯，入電鍋煮熟即成。

營養分析（一人份量）

營養素	
蛋白質（公克）	7
脂質（公克）	0.5
醣類（公克）	60
熱量（大卡）	276.5

營養素	
蛋白質（公克）	0.5
脂質（公克）	4
醣類（公克）	3
熱量（大卡）	48

茭白彩虹

甜椒含豐富的維生素C、β胡蘿蔔素及茄紅素，是天然的抗氧化劑，搭配味道清甜的茭白筍，不但好吃，更符合高纖特色。
而且，此道食譜色彩豐富，大大提升視覺享受，讓人胃口大開！

》材　料

茭白筍240公克、紅甜椒100公克
黃甜椒100公克
青椒40公克、油1湯匙

》調味料

鹽1/2茶匙

》作　法

1. 將茭白筍切滾刀塊；甜椒、青椒去籽，切片備用。
2. 起油鍋，倒入所有材料，炒熟即成。

營養分析（一人份量）	
營養素	
蛋白質（公克）	9
脂質（公克）	10
醣類（公克）	12
熱量（大卡）	171

養生潤餅捲

苜蓿芽的纖維素含量高、熱量低，且含有多種營養成分，如維生素 A、維生素 C、維生素 B 群、鐵質，以及一些蛋白質等，所以是素食者的聖品。胡蘿蔔含有豐富的 β 胡蘿蔔素，是強而有力的抗氧化劑，能增強免疫力，對抗自由基的破壞，減少癌症發生。

》**材　料**

春捲皮 4 張、五香豆干 3 塊
小黃瓜 40 公克、胡蘿蔔 40 公克
苜蓿芽 30 公克

》**調味料**

鹽 1/2 茶匙
油 1 湯匙
花生粉 40 公克

》**作　法**

1.胡蘿蔔去皮，和小黃瓜、五香豆干一同切絲，用 1 湯匙的油炒熟後，加入鹽巴。
2.將作法 1 中的材料與苜蓿芽鋪在春捲皮上，加入花生粉，再捲成圓柱狀即成。

脆炒花椰菜

十字花科的青花菜富含吲哚類及含硫物質，具有防癌的效果。
秀珍菇屬蕈類，含有人體必需胺基酸、礦物質、多醣體與纖維素，且菇類特有的香味具提鮮功能，讓這道炒菜更加美味。

》材 料

青花菜400公克、秀珍菇40公克
油1湯匙、蒜頭少許

》調味料

鹽1/2茶匙

》作 法

1. 將青花菜洗淨切塊備用。
2. 起油鍋，蒜頭爆香後，放入青花菜與秀珍菇炒熟，加入鹽調味即成。

營養分析（一人份量）

營養素	蛋白質（公克）	脂質（公克）	醣類（公克）	熱量（大卡）
	1	4	2	46

番茄蔬菜湯

番茄含豐富茄紅素，是強力的抗氧化物，煮熟後轉為脂溶性的型態更易被人體吸收。此外，番茄中的穀胱甘肽，也是細胞代謝不可或缺的物質，有延緩老化及清除體內自由基的效果，可減少癌症的發生。

高麗菜為十字花科青菜，具有防癌的效果。

》材　料

番茄 60 公克、馬鈴薯 60 公克、洋菇 20 公克
高麗菜 60 公克、皇帝豆 40 公克

》調味料

鹽 2 茶匙

》作　法

1. 將馬鈴薯去皮切丁，番茄切丁，高麗菜切碎，洋菇切片備用。
2. 燒熱開水，將作法 1 中的材料與皇帝豆一起煮熟後，加入調味料即成。

營養分析（一人份量）

營養素	
蛋白質（公克）	2
脂質（公克）	0.5
醣類（公克）	5.5
熱量（大卡）	31.25

蔬果優酪沙拉

蘋果中的槲皮素，是一種植物性化學成分，能對抗因自由基攻擊所引起的癌症。

紫高麗菜屬十字花科的蔬菜，同樣有防癌效果。

優格含豐富乳酸菌，有助改善腸道益生菌的細菌叢，具健胃整腸效果。

》材　料

蘋果1個、奇異果1個、西洋芹200公克
紫高麗菜40公克

》調味料

原味優格1盒
桑椹果醬1匙

》作　法

1.蘋果與奇異果去皮，西洋芹、紫高麗菜分別切絲，盛入碗中備用。
2.將桑椹果醬拌入原味優格成沙拉醬，淋在作法1的材料上即成。

營養分析（一人份量）

營養素	
蛋白質（公克）	1.5
脂質（公克）	1
醣類（公克）	16.25
熱量（大卡）	82.25

過去四十幾年來,腦心血管疾病的死亡率一直居高不下。根據台灣腦梗塞及腦出血死亡率的長期趨勢分析,發現腦出血的比例偏高,且愈年輕其腦出血比例愈高;而高血壓未獲得適當控制,被歸咎是腦出血的主因。

在台灣,每年因腦中風而死亡的人數就超過14000人,而心臟病亦高達5000人。高血壓是與年齡相關之疾病,40～49歲的男性仍有近1/4有高血壓,而60～69歲的年長者(無論男女)則有近半是高血壓,在70歲以上甚至高達六成。

由此來看,冠心病、腦中風等心血管疾病,與高血脂、高血壓息息相關,而且年齡愈大影響愈大,現代人實不可不慎。

個論 2

心血管疾病
飲・食・處・方

諮詢專家

蘇大成
現職:臺大醫院內科部主治醫師
學歷:臺灣大學公共衛生學系
　　　成功大學學士後醫學系
　　　臺灣大學職業醫學與工業衛生研究所博士

彭惠鈺
現職:臺大醫院營養師
學歷:輔仁大食品營養學研究所碩士

〔請教醫師〕認識 **心血管疾病**

蘇大成醫師（臺大醫院內科部）

現代人健康的隱形殺手

　　從歷年來的疾病及死亡統計資料可知，心血管疾病絕對是國人健康最大的威脅。主因一是高血脂（會使血管硬化狹窄），二是高血壓（會使血管壓力增加），倘若這兩者發生在心臟的動脈血管，或是腦部血管，就是大家耳熟能詳的心肌梗塞與腦中風。

　　心血管疾病可說是現代人健康的隱形殺手，因為它是長期下來、不知不覺形成的「富貴病」，且其疾病表現方式是突發的，常讓當事人或家屬措手不及，有時甚至導致猝死的可能。尤其是冠狀動脈心臟病（即所謂急性心肌梗塞或心絞痛，或經心導管證實的冠狀動脈阻塞），在發病前都是不知不覺漸漸進行的。研究顯示，動脈硬化阻塞，在50％之前常常是無症狀的，待阻塞超過75％，才會產生心絞痛。且最新研究更指出，會造成急性栓塞的動脈硬化塊，常常是小於50％的，即只要是不穩定的動脈硬化塊，只要是會發生破裂的動脈硬化塊，都會發生急性梗塞，造成腦中風或心肌梗塞。

　　近年來，台灣民眾隨著飲食生活習慣日漸西化，心血管疾病的罹病率、死亡率均明顯增加，由此來看，熱量攝取過剩（主要是動物性脂肪攝取過多）、缺乏運動及肥胖，與高血脂、高血壓之間的關係，實在值得我們關心。根據李源德教授於1990～

▲ 動物性脂肪攝取過多，恐造成心血管疾病。

1991年間，在台灣金山社區所做的心血管疾病追蹤研究，高膽固醇血症（T-CHO ≧ 240 mg/dl）的盛行率，在男性是13.8％而女性是20.3％；如果以LDL-C ≧ 160 mg/dl 當指標，則男性有23.1％而女性是31.3％，可見高膽固醇血症盛行率之高實已達警戒線，絕不容忽視。

心血管疾病的發生原因

◆高血脂使血管硬化狹窄

　　高血脂包含膽固醇與三酸甘油脂（俗稱「中性脂肪」）過高。一般會增加動脈硬化機率，與心血管疾病相關的是高膽固醇血症。當血液中膽固醇過高時，主要是低密度脂蛋白膽固醇（LDL-C，一般常稱為「壞的膽固醇」）增加，如果血管內皮細胞功能失常而易受損，致使浸入內皮層內的低密度脂蛋白膽固醇增加，就會引發一連串動脈硬化發生的反應：巨噬細胞反覆吞噬經氧化的低密度脂蛋白膽固醇，導致死亡而形成泡沫細胞，最後形成動脈硬化塊，沈積於血管壁上，造成血流受阻。

　　如果病人又合併有其他危險因子，如抽菸、高血壓、糖尿病，或年紀大（男性≧ 45 歲，女性≧ 55 歲），或高密度脂蛋白膽固醇（HDL-C，一般常稱為「好的膽固醇」）值低於 40mg/dL，都會促使血管內皮細胞功能失常，加快動脈硬化速度。

　　糖尿病、肥胖及抽菸，會進一步產生不良影響，使膽固醇變性，降低高密度脂蛋白膽固醇值，並形成高三酸甘油脂血症，讓原本脆弱的血管雪上加霜，更易發生動脈硬化。因此，屬於高危險群（合併有兩個或以上之心血管疾病危險因子，或有糖尿病者）的人，必須更積極預防與治療。

◆高血壓使血管壓力增加

　　高血壓是與年齡相關的疾病，隨著人口老化，盛行率也愈來愈高。高血壓的成因很多，肥胖、飲食中鹽分攝取過多、壓力與緊張等，都是可能的致病因子。

　　高血壓之所以可怕，就如同其造成的致命併發症——動脈硬化疾病一樣，是隨著年齡逐年增加、不知不覺進行的，當血管阻塞進展至 60 ～ 70% 的程度時，才會出現血流不足的症狀（如心絞痛或腦部缺血），在台灣本土的研究發現，高血壓是頸動脈硬化最主要的決定因子。而最近更進一步證實高血壓愈久，動脈硬化愈厲害，甚至每天的平均收縮血壓愈高者，其頸動脈硬化也愈嚴重。

　　與高血壓相關性很高的心血管疾病，包括冠心病、腦血管疾病、周邊血管疾病、腎臟病、心臟衰竭等，都是全民健康上重要的疾病。因此，控制血壓，對於預防心血管疾病絕對是重要關鍵。

醫師的小叮嚀

研究顯示「降膽固醇藥物」效果良好

關於續發性預防，在 4S(Lancet 1994)研究中，曾用 Simvastatin 治療有高膽固醇血症的冠心症病人；在 CARE(NEJM 1996)研究中，則用 Pravastatin 治療膽固醇值屬一般平均值的冠心症病人，結果證實，這類降膽固醇藥物對於冠心症病人（不分男女），均能明顯降低主要心血管疾病。

而 WOSCOPS 研究(NEJM 1995)則指出，高膽固醇血症的病人，接受 Pravastatin 降膽固醇治療，的確可以降低主要冠心病的發生率。AFCAPS/TexCAPS(JAMA 1998)則證實，對膽固醇屬一般值的病人（若其 HDL-C ＜ 40mg/dl），使用 Lovastatin 治療，也能減少冠心病的發生。這兩項研究，為原發性預防提供了強有力的支持。

1997 年 7 月，美國醫學會雜誌(JAMA)，提出一篇總覽 16 項重要 Statins 類藥物治療的研究報告。研究指出：高膽固醇血症病人，接受 Statins 類藥物治療，可降低 LDL-C 約 30%，發生中風之危險機率減少 29%，而總死亡率則降低 22%，至於整體心血管疾病亦減少了 28%。此報告證明降膽固醇治療，確實可以減少腦中風的發生，亦明顯延長病人壽命。

1998 年 11 月，在新英格蘭醫學雜誌(NEJM)發表的 LIPID 研究(Pravastatin)，更進一步證明降膽固醇治療，確實可以降低心血管疾病、腦中風的發生率與死亡率，亦即延長壽命。而且降膽固醇治療，並不會增加癌症及腦中風的危險，其長期使用的安全性亦得到證實。

LIPS 研究指出，第一次接受心導管介入性治療的病人，其膽固醇值屬正常或較高，接受 Fluvastatin 治療後，可明顯降低主要的心血管事件，而且對糖尿病及多條血管阻塞的病人效果特別明顯。至於治療前膽固醇值高或低，並不影響其結果。這項結果為高危險群的冠心症病人，接受降膽固醇治療，提供了重要實證。

最近的大規模臨床試驗，還有兩項指標性研究值得注意。一是心臟保護研究(Heart Protection Study, Lancet 2002)發現，只要是屬於高危險群(已罹患冠心病、其他動脈血管疾病及糖尿病)的病人，其膽固醇屬一般值或稍高，均可從 Simvastatin 治療得到好處。二是於 2003 年發表的 ASCOT-LLA 研究，證實膽固醇屬一般值或稍高(小於 240mg/dl)的高血壓病人，在接受 Atorvastatin 治療後，可以明顯降低冠心病及腦中風的發生率。上述經典性的實證研究，皆證明了降膽固醇藥物治療，在心血管疾病病患或高危險群病人（包括高血壓、糖尿病、高膽固醇血症），皆可顯著減少心血管疾病。

心血管疾病的診治

◆定期體檢與進階檢查

　　定期做身體健康檢查，可以及早偵知自己是否屬於心血管疾病高危險群（例如血壓高、血脂肪高）。如果是高危險群，就要進一步安排動脈硬化檢查，例如做頸動脈超音波（以了解是否有血管壁增厚及動脈硬化塊）、心電圖或心臟超音波（以了解是否有左心室肥厚）；至於運動（或走路）時會有胸悶感覺的人，更應盡速安排心肌缺氧的檢查，如運動心電圖或鉈201核子掃瞄等。

◆降膽固醇藥物治療

　　許多降血脂藥物，都有穩定動脈硬化塊及改善內皮細胞功能的作用。因此，接受降膽固醇藥物治療，可以在短期內明顯減少血管急性栓塞，進而降低發生心肌梗塞和腦中風的機率。近年來，降血壓藥物亦紛紛被證實，對血管內皮細胞有卓越的保護作用，或可改善其功能。

　　近期的大規模臨床試驗研究發現，對於高膽固醇血症或高危險群病人，在原發性及續發性預防心血管疾病上，降膽固醇藥物均有良好的改善效果。而其中最重要的降膽固醇藥物，應屬 Statins 類，此類藥物很多，Simvastatin、Pravastatin、Lovastatin、Fluvastatin、Atorvastatin、及 Rosuvastatin 等都是常見用藥。

◆高血壓的診斷與管理

　　最新版的高血壓指引，是於 2003 年發表在美國醫學會雜誌（JAMA）上的 JNC 7，其診斷與管理整理如下頁表。

　　基本上，高血壓的標準是人為製定的。在 1993 年以前，收縮壓必須超過 160mmHg，或舒張壓超過 95mmHg，才算是高血壓；到了 1993 年後，收縮壓 140mmHg 或舒張壓 90mmHg 以上，即診斷為高血壓。而且高危險群患者（如糖尿病或已有血管阻塞之患者），只要血壓超過 130/85mmHg，就應接受治療。

　　新英格蘭雜誌於 2001 年 11 月，刊載了一篇美國法蘭明罕心臟研究報告，指出血壓屬於正常偏高值者（即收縮壓＝ 130 ～ 139mmHg，或舒張壓＝ 85 ～ 90mmHg 者），與正常最適當血壓者（BP ≦ 120/80mmHg）相比，心血管疾病的

發生率會較高（男性會增加1.6倍；女性會增加2.5倍）。也就是說，只要收縮壓≧130 mmHg 或舒張壓≧85mmHg，都可能會增加心血管疾病的發生。

目前，根據新版高血壓指引JNC 7上的標準（見下頁表），只要血壓超過120/80 mmHg，即視為高血壓前期，必須在生活習慣及飲食上力求改善，以預防高血壓及相關動脈硬化疾病進一步發生。

此外，代表大血管阻力及彈性的「脈壓差」（＝收縮壓－舒張壓），也愈來愈被重視，儼然成為血壓的另一重要指標。目前已有許多證據指出，脈壓差是重要的心血管疾病危險因子。脈壓差大於60，代表危險性較高；數值愈大，相對危險性愈高，尤其對老年人而言。

如何預防心血管疾病

◆建立健康的生活型態

健康的生活型態，是預防心血管疾病的關鍵。規律的運動，不但可以健身抒壓，而且結合飲食控制還可預防肥胖，對改善心血管狀況好處極大。此外，戒菸、保持情緒穩定（避免受刺激使血壓升高），也是有益健康的。

◆做好防寒保暖的工作

冬季氣溫低、室內外溫差大，容易刺激心血管變化。尤其是冬末春初之際，老人家更要特別注意防寒保暖，因為很多的心血管疾病，都在此時惡化或猝發。

◆定期做健康檢查

定期做身體健康檢查，可以及早偵知自己是否屬於高危險群。如果是高危險群，就要進一步安排做更詳細的檢查，並且在飲食、生活方面做調整。

18歲以上成人高血壓的分類與管理

血壓分類	管理			初始藥物療法	
	收縮壓 mmHg❶	舒張壓 mmHg❶	生活方式調整	無強制性適應症	具強制性適應症
正常	<120 且 <80		鼓勵維持		
前期高血壓	120～139 或 80～89		必須調整	無須開立抗高血壓藥物	開立強制性適應症用藥❷
一期高血壓	140～159 或 90～99		必須調整	大多數適用thi-azide類利尿劑；可以考慮ACE抑制劑、ARB、β阻斷劑、CCB或這些藥物併用。	開立強制性適應症用藥。需要時，可使用其他抗高血壓藥物（利尿劑、ACE抑制劑、ARB、β阻斷劑、CCB）。
二期高血壓	≥160 或 ≥100		必須調整	大多數必須併用兩種藥物（通常是thiazide類利尿劑與ACE抑制劑／ARB／β阻斷劑／CCB）❸	開立強制性適應症用藥。需要時，可使用其他抗高血壓藥物（利尿劑、ACE抑制劑、ARB、β阻斷劑、CCB）。

縮寫:ACE, angiotensin-converting enzyme;ARB, angiotensin-receptor blocker; BP, blood pressure; CCB, calcium channel blocker.

註：❶由最高血壓的分類，來決定治療方式。

❷慢性腎臟病或糖尿病患者的治療目標，為血壓低於130/80 mmHg。

❸藥物開始併用時，對直體性低血壓患者應格外謹慎小心。

〔請教營養師〕 **遠離心血管疾病飲食指南**

彭惠鈺營養師（臺大醫院營養部）

飲食與心血管疾病的關係

　　心血管疾病是國人十大死因的第四位，統計指出，每五個成年人中就有一個血脂過高，而且，現代人吃的多、動的少、壓力又大，所以血管愈來愈狹窄，血壓也愈來愈容易升高。

　　不過，心血管疾病的主要禍源，還是在於血液中膽固醇過高；而膽固醇的高低，是由遺傳與飲食共同影響的。多數人因為肥胖，或是攝取過多的飽和脂肪（如愛吃紅肉、酥油點心，或使用動物性油脂烹調），而使血液中的膽固醇濃度增加；當低密度脂蛋白膽固醇過高，日積月累，心血管就會出問題。

　　另外，自由基也是造成血管老化發炎的重要原因，因為它會使低密度脂蛋白膽固醇氧化成泡沫型態，沉積在血管壁上，是造成血管硬化的元兇。只有從飲食充分攝取抗氧化劑，才能消除體內的自由基。

　　由此來看，飲食與生活方式改善，是減少心血管疾病的基本策略。目前降血脂治療，即以「治療性生活形態改變之飲食調整」（簡稱TLC）為原則，其包括以下重點：

- 控制體重，盡量將體重維持在理想體重範圍內。
- 膽固醇攝取量每日應小於200毫克，每星期蛋黃的攝取應少於三個。
- 降低飽和脂肪的攝取，其攝取量應小於每日總熱量的7%。
- 增加水溶性纖維的攝取，每日量為15～20公克。
- 增加體能活動，日行萬步。

怎樣吃最健康

◆多攝取膳食纖維

膳食纖維不但可以增加飽足感、減少攝取不必要的熱量，還有降低膽固醇的效果，因此，飲食最好多選用富含膳食纖維的食物，尤其是水溶性纖維，像燕麥、地瓜、水果及豆類，都是對身體很好的高纖食物。

◆多吃富含抗氧化劑的食物

低密度脂蛋白膽固醇被氧化成泡沫型態，會危害血管的健康，而多吃富含天然抗氧化劑如 β 胡蘿蔔素、維生素C、維生素E、維生素B群及硒、鋅、錳、銅等食物，可以清除自由基，防止此型態的產生。以下，就是可攝取天然抗氧化劑的食物：

β 胡蘿蔔素

彩色的甜椒、胡蘿蔔、地瓜、南瓜、木瓜、番茄、綠色蔬菜等（基本上，水果及蔬果的顏色愈鮮明，所含的 β 胡蘿蔔素就愈多）。

維生素C

綠花椰菜、蘆筍等綠色蔬菜，以及奇異果、芭樂、柳丁、柑橘類等水果。

維生素E

堅果、小麥胚芽、種子類、橄欖油、植物油等。

◆選擇優良的蛋白質來源

多食用黃豆及豆製品

這類食物含有異黃酮、植物雌激素等植物性化學物質，有助於捕捉自由基，具抗氧化的特性，可防止過氧化脂質的生成。建議用黃豆和豆製品如豆腐、豆漿等，來替代部分肉類。

多吃富含 omega-3 脂肪酸的海水魚類

鮭魚、鯖魚、秋刀魚及蝦等，富含 omega-3 脂肪酸（大家常聽到的 DHA 即為 omega-3 脂肪酸的一種），對心血管疾病有相當顯著的預防效果，是比紅肉好很多的優良蛋白質來源。

◆ 小心油脂的攝取

烹調用油多選用植物油

少用豬油、牛油等動物性油脂，多以橄欖油、芥花油、芝麻油等單元不飽和脂肪酸高的植物性油脂替代。

避開油炸食物或高油脂點心

植物性油脂雖然比動物性油脂好，但當液態植物油經過「氫化」程序成為「反式脂肪」，其性質就和飽和脂肪相同。這些不利心血管健康的反式脂肪，經常隱藏在人造奶油、沙拉醬、油炸食物（如薯條、炸雞等）、烘焙食物（如蛋糕、西點餅乾、酥油點心等）中，所以最好避免食用這類食物。

盡量減少膽固醇的攝取

除了不要吃帶皮肉類，也最好少吃內臟類、蛋黃、魚卵等高膽固醇食物。

可多攝取堅果類

堅果類富含維生素 E，可替代油脂量，也就是吃堅果時須減少烹調用油。

〔健康廚房〕遠離心血管疾病食譜示範

彭惠鈺 營養師／食譜設計

地瓜仙子

地瓜含維生素C、E及膳食纖維，其中膳食纖維具降低膽固醇的功能，也可以預防便祕；但地瓜屬於澱粉類，糖尿病患者，不宜大量攝取且須與醣類做代換。

堅果富含各種抗氧化劑（如維生素E、硒），及單元不飽和脂肪（omega-3脂肪酸），具有抗氧化、預防動脈硬化功能。

》材料

地瓜 200 公克
堅果 20 公克

》作法

地瓜去皮後，放進電鍋蒸，電鍋外加一杯水。蒸熟後，搗成泥後揉成小圓球狀，滾上堅果即可食用。

營養分析（一人份量）

營養素	
蛋白質（公克）	2
脂質（公克）	2.5
醣類（公克）	15
熱量（大卡）	92

紅番烤魚

秋刀魚含有omega-3脂肪酸，單元不飽和脂肪酸，對於高脂肪的病友來說，有助於膽固醇的降低。

一星期至少吃2至3次的深海魚，除了秋刀魚之外也可選擇鯖魚、鮭魚、鱈魚等富含omega-3脂肪酸的魚。

》材　料

大番茄20公克、秋刀魚2條

》調味料

鹽少許

》醃　料

醬油1湯匙、米酒1湯匙、紅辣椒末適量（適個人口味而定）

》作　法

1. 番茄洗淨切圓片，鋪在烤盤上，灑上少許鹽。
2. 將醃好的魚放在番茄片上，再將烤盤移入已預熱的烤箱，以120℃的火力烤10分鐘即成。

營養分析（一人份量）

營養素	
蛋白質（公克）	7
脂質（公克）	5
醣類（公克）	-(+)
熱量（大卡）	75

茄紅素

番茄爲茄紅素的主要來源，可抑制自由基的活動。另外也含有抗氧化物質穀胱甘肽，這是細胞正常代謝不可缺乏的物質。建議番茄最好煮熟吃，因爲這樣營養吸收率會比生吃的好。

洋蔥含前列腺素A，可以舒張血管，降低血壓及血液黏稠度，可防止冠心病。也含硒，硒爲抗氧化物穀胱甘肽的成分之一，穀胱甘肽的抗氧化作用需要硒當作輔助因子，才能發揮作用。

》**材　料**

大番茄200公克、洋蔥80公克

》**調味料**

橄欖油2大匙、黑胡椒（10克）

》**作　法**

1. 大番茄洗淨切片排盤。
2. 洋蔥切碎泡水，撈起後加入調味料拌勻成醬汁。
3. 將作法2材料淋在番茄片上即成。

營養分析（一人份量）

營養素	
蛋白質（公克）	-
脂質（公克）	5
醣類（公克）	4
熱量（大卡）	61

素鮑魚沙西米

食譜中 3 種食材皆含豐富的纖維，有利於身體環保；芹菜含有大量鉀，對血壓控制亦有幫助。

》**材 料**

鮑魚菇 120 公克、蒟蒻 120 公克
西洋芹 120 公克、枸杞數顆

》**調味料**

芥末醬 2 湯匙
醬油適量（芥末醬和醬油依個人口味調製）

》**作 法**

1. 鮑魚菇、蒟蒻、西洋芹切片，入滾水汆燙，再撈起泡入冰水中（馬上撈起）。
2. 將作法 1 材料瀝乾，擺設於餐盤上，灑上數顆枸杞裝飾；另以小皿盛裝調味料拌勻，即可食用。

營養分析（一人份量）

營養素	
蛋白質（公克）	1
脂質（公克）	-
醣類（公克）	5
熱量（大卡）	25

營養素	
蛋白質（公克）	1
脂質（公克）	-
醣類（公克）	5
熱量（大卡）	25

菇菇樂

菇類（如香菇、金針菇、杏鮑菇、秀珍菇、珊瑚菇、美白菇等）含有核酸類物質，可抑制血清和肝臟中膽固醇的增加，促進血液循環，防止動脈硬化。菇類也是良好硒的食物來源。

》 材　料

黃豆芽80公克、金針20公克
鮮香菇80公克、金針菇80公克
木耳80公克、牛蒡80公克

》 作　法

1. 黃豆芽、金針洗淨備用；香菇、金針菇、木耳洗淨切絲；牛蒡洗淨去皮切絲。
2. 將所有材料放入蔬菜高湯內煮熟即成。

》 調味料

蔬菜高湯（水3000cc、高麗菜600公克、胡蘿蔔300公克、番茄300公克）

》 蔬菜高湯作法

將所有材料洗淨切塊，放入水中熬煮約20至30分鐘即成蔬菜高湯。可隨個人喜好加入如牛蒡、西洋芹等蔬菜。

營養分析（一人份量）		
營養素		
蛋白質（公克）	-	
脂質（公克）	-	
醣類（公克）	2	
熱量（大卡）	8	

燕窩露

白木耳也稱「銀耳」，含多醣體及膳食纖維，對動脈硬化的緩和及冠心病的預防有益。

》 **材 料**

白木耳20公克、紅棗約15顆
枸杞1湯匙

》 **調味料**

代糖（用可以烹調用的代糖，約8克）

》 **作 法**

1. 將白木耳洗淨剪成小片狀。
2. 將所有材料放入鍋內煮至白木耳成透明狀即可。
3. 熄火加入代糖攪拌均勻即成。

肝病是台灣地區最大的本土病，估計每年約有一萬名國人死於肝病，包括五千多人死於肝癌、四千多人死於肝硬化、一千多人死於其他肝病。換言之，平均六十分鐘就有一個家庭因家人死於肝病而蒙受重大打擊。肝病的好發年齡大多為中年，這些人均為社會的棟梁、中堅，他們的過世造成家庭及社會的重大損失。

台灣肝病猖獗的主要原因為Ｂ型肝炎感染之普遍。據估計，台灣目前有三百多萬名Ｂ型肝炎帶者，換言之，平均每五人就有一人為Ｂ型肝炎帶原者。此外，Ｃ型肝炎的感染者也有三十多萬人（平均帶原率為2～4％）。這些Ｂ型及Ｃ型肝炎患者很容易演變為慢性肝炎，之後再轉變為肝硬化，進一步可能轉變為肝癌。

個論 3

肝病

飲・食・處・方

諮詢專家

陳健弘
現職：臺大醫院內科部主治醫師
　　　臺灣大學醫學院內科臨床助理教授
學歷：臺灣大學醫學院醫學系
　　　臺灣大學醫學院臨床醫學研究所

翁慧玲
現職：臺大醫院營養師
學歷：臺北醫學大學保健營養研究所碩士

〔請教醫師〕認識**肝臟疾病**

陳健弘醫師（臺大醫院內科部）

肝病的可怕

　　何謂肝病？簡單一句話來說，肝有病就叫做肝病。很多人會問：「肝病最常見的症狀是什麼？」答案是：「沒有症狀！」這正是肝病最可怕的地方，因為病人常常不知警覺。大部分的患者，都以為沒有症狀就是沒有肝病，故往往都等到肝硬化或肝癌末期才求醫，已錯失治療良機。尤其肝病的好發年齡大多為中年，這些人均為社會的棟梁、社會的中堅，他們的過世，對於家庭及社會造成的損失更為重大。因此，「早期發現、早期治療」，是肝病防治工作極為重要的關鍵。

肝病的種類與發生原因

　　肝病的種類非常多，依其病因可分為下列數大項：病毒性肝病；酒精性肝病；藥物或毒物性肝病；新陳代謝異常性肝病；肝腫瘤。以下即針對這幾大類肝病做詳細介紹。

◆病毒性肝病

　　所謂病毒性肝病，是指因病毒而引起的肝炎、肝硬化及肝癌。有幾種肝炎病毒可以引起肝炎，即A、B、C、D、E型肝炎病毒。其中，B、C、D型肝炎病毒會導致慢性肝炎、肝硬化，B型及C型會引發肝癌；至於A、E型肝炎，通常不會有慢性變化。

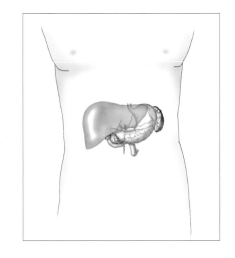

A型肝炎

　　A型肝炎主要是經由污染的食物、飲水等由

口傳染，其潛伏期約 2 至 4 星期左右。因此，注意飲食清潔衛生非常重要，特別是前往較落後國家旅行時。

B 型肝炎

B 型肝炎是經感染的血液、體液，由皮膚或黏膜進入人體。因此，輸血、打針、做血液透析、針灸、穿耳洞、刺青，乃至與人共用牙刷、共用刮鬍刀等，都有可能會被傳染。台灣地區肝病猖獗的主要原因，就是因為每五人之中就有一人是 B 型肝炎帶原者。這些人不僅會傳染 B 型肝炎給別人，更可怕的是病毒會潛伏在肝細胞內，可能引起慢性肝炎再轉為肝硬化，最後變成肝癌。

C 型肝炎

C 型肝炎是台灣地區肝病猖獗的第二號兇手，據統計，約有 2 ～ 4% 的人口感染 C 型肝炎。C 型肝炎的感染途徑，主要是透過輸血。不過，所有病人約只有一半有輸血史，其他可能感染的途徑，還包括使用不潔的針頭、針灸、刺青、穿耳洞等。

D 型肝炎

D 型肝炎需有 B 型肝炎表面抗原配合，才會有感染力；也就是說，D 型肝炎病毒只會感染 B 型肝炎患者。而其主要傳染途徑，通常是嫖妓和毒品注射。

E 型肝炎

E 型肝炎和 A 型肝炎同樣都是經由口腔傳染，都可能不會有什麼症狀，也有可能產生急性肝炎症狀，如噁心、嘔吐、疲倦、黃疸等。由於兩者不太容易區分開來，因此必須做血液檢查鑑別。

◆酒精性肝病

這是指因長期酗酒所造成的肝病，俗稱「酒精肝」。其致病原因，是酒精本身會直接或間接破壞肝細胞，導致肝臟纖維化。患者初期只是有脂肪肝，再來會發展成酒精性肝炎，接著是比較嚴重的肝硬化，到最後甚至會到肝癌的階段。

提防肝硬化

肝硬化就是肝臟變硬，造成這種情況的原因有很多種，在台灣最常見的是 B 型肝炎和 C 型肝炎。當肝發炎得太厲害，超過原有的修復能力時，便會由纖維組織來加以修補，久而久之，便形成了肝硬化。嚴重時，肝的表面會凹凸不平有如苦瓜。值得注意的是，肝硬化患者比一般人容易發生肝癌，因此一定要定期檢查。

◆藥物或毒物性肝病

這是指因服用藥物、化學藥品，或其他對肝臟有毒害作用的物質，所造成的肝病。舉例來說，常食用受到黃麴毒素污染的花生、穀類等食物，就會讓有解毒作用的肝臟負擔日益增大，從而增加發生肝癌的機率。

◆新陳代謝異常性肝病

這是指體內對某種物質新陳代謝不良所引起的肝病。例如威爾遜氏症，就是體內對銅的代謝出問題所導致的肝病。

◆肝腫瘤

肝腫瘤可以區分為「良性」及「惡性」兩大類。最常見的良性肝腫瘤，是肝血管瘤，這是指肝臟內血管異常增生，形成像腫瘤一樣的東西（可以是單發或多發性的），通常無須特別擔心，醫師會決定是否要定期追蹤。至於最常見的惡性肝腫瘤，則包括肝細胞癌（通常簡稱「肝癌」）、膽管癌及轉移性癌（原發於其他器官再轉移至肝臟者）。

肝病的診治

◆肝病的診斷

除了患者的主訴症狀，醫師也會視病況安排實驗室及儀器檢查。一般來說，肝功能檢查（判斷肝臟發炎程度）及肝炎標記（判斷是感染了哪一型肝炎病毒），是最必要的血液檢查。此外，甲種胎兒蛋白（AFP）檢查，也可以協助判定病人是否有早期肝癌。

在儀器檢查方面，腹部超音波是最常被使用的工具。如果有需要，再佐以電腦斷層掃瞄、核磁共振掃瞄或血管攝影等。

別輕忽脂肪肝

一般人俗稱的「脂肪肝」，是指肝細胞的脂肪含量增加聚積，其形成的原因，有體重過重、血脂肪過高、酗酒、糖尿病控制不佳、藥物、急性或慢性肝炎等，所以必須針對形成原因加以控制，才能減輕脂肪肝的程度。

◆肝病的治療

　　一般來說，罹患Ａ、Ｅ型肝炎者，大多會自我痊癒且產生抗體。比較麻煩的是Ｂ型、Ｃ型及Ｄ型肝炎，因為它們很可能會形成慢性肝炎。Ｂ型、Ｃ型肝炎治療方式不同，目前醫界採用干擾素或干安能來控制Ｂ型肝炎，用干擾素組合療法來治療Ｃ型肝炎。

　　至於酒精性肝病的治療，最重要的就是「戒酒」。藥物或毒物性肝病，與脂肪肝的治療對策一樣，都要看形成原因為何。以脂肪肝來說，是否體重過重、有無酗酒習慣、是否有糖尿病、是否血脂肪過高等，都是重要的判讀依據。若是因肥胖引起的脂肪肝，就必須先控制體重；若是因喝酒所引起的脂肪肝，就必須先戒酒；若是因糖尿病引起的脂肪肝，就必須先控制好病情。只有解除致病的危險因子，病情才有可能好轉。

　　比較棘手的是肝硬化與肝癌。截至目前為止，尚沒有一種藥物，可以使已經硬化的肝軟化回來；不過，好好地保養肝（參見下節），還是可以控制肝硬化惡化的速度。至於肝癌，只要能早期發現，仍然可以治療，而且效果還不錯；怕的只是病人拖到症狀出現才就醫，此時多半已是晚期，難以挽救。

如何預防肝病

◆飲食均衡與注意衛生

　　飲食均衡，是防治許多疾病的首要法則，肝病當然也不例外。充足的營養，減少油脂的攝取，可以讓肝臟更健康。

　　至於衛生也很重要，像Ａ型肝炎、Ｅ型肝炎主要是經由污染的食物、飲水等由口傳染，因此，絕對不要吃不潔的食物、喝不乾淨的水。而像穀類、花生等容易產生黃麴毒素的食物，也要謹慎保存，以免誤食有毒物質。

▲ 花生易產生黃麴毒素，有害肝臟，需謹慎保存。

◆避免與他人共用物品

B 型肝炎是經感染的血液、體液，由皮膚或黏膜進入人體，所以不能和他人共用牙刷、刮鬍刀。此外，不潔的針頭，也是 B 型、C 型肝炎的常見感染途徑。因此，無論是針灸、穿耳洞、刺青、打針，都必須使用拋棄式的針頭。

◆施打疫苗

要預防 B 型肝炎，可以接種 B 型肝炎疫苗。另外，如果因工作或旅行而必須前往飲食衛生較差的疫區，也可以於行前注射 A 型肝炎疫苗。

◆戒除酗酒與亂吃藥的惡習

預防酒精性肝病的方法與治療方法一樣，那就是「戒酒」，因為只有戒酒，才不會讓酒精繼續危害肝臟。

同樣地，過多的藥物，也會對身負解毒功能的肝臟造成很大負擔。尤其是許多人迷信坊間的保肝丸，或是親友提供的種種偏方，而大吃特吃的結果，反而讓肝臟更累、受損更重，有些甚至造成肝衰竭的嚴重後果。其實，與其花大錢買保肝丸或迷信偏方，還不如透過食物取得肝臟所需的營養，不但安全，而且效果非常好。

◆達到或維持理想體重

要避免肥胖及脂肪肝的形成，體重過重或肥胖者應力行減重。另詳見本書第197 頁個論〈肥胖症〉一章。

◆維持良好的生活習慣

必須保持正常作息、適當休息。另外，適度運動結合飲食控制，也可以改善脂肪肝情形。

◆定期做肝臟檢查

無論是肝炎帶原者，還是已出現慢性肝炎或肝硬化的病患，抑或是有肝癌家族史的人，最好定期做甲種胎兒蛋白及腹部超音波篩檢，以盡早發現早期肝癌蹤跡。

〔請教營養師〕 **遠離肝病飲食指南**

翁慧玲 營養師（臺大醫院營養部）

保肝很重要

根據衛生署統計，93 年度國人十大死因中，慢性肝病、肝硬化及肝癌名列第七位；若單就癌症死亡原因，肝癌更高居男性的第一位、女性的第二位，難怪肝病號稱「國病」，其對國人健康的危害實在值得重視。

肝臟位於人體右上腹腔內，是體內最大的器官。肝臟負責身體中醣類、脂肪、蛋白質、維生素及礦物質等營養素的代謝，以及許多營養素的儲存、活化和運送；肝臟也負責體內膽汁的製造，幫助食物中脂肪的消化及吸收。此外，解毒作用是肝臟的另一重要功能，可避免身體受毒素傷害。不過，由於肝中沒有神經分布，因此即使「生病」了也幾乎很少表現出來，仍然堅守崗位默默地工作，這就是為什麼大多數肝病在初期幾乎無法自我察覺的原因。通常要等到肝臟已達崩潰邊緣，再也無法繼續工作時，才會有明顯症狀的產生。

肝炎依致病原因的不同，可分為病毒性肝炎、藥物性肝炎、酒精性肝炎及其他等。病毒性肝炎包括 A、B、C、D、E 型，A、E 型為經口感染，預後大多數不會造成慢性肝炎，B、C 型主要是經由血液及體液等方式傳染，一般會引起慢性肝病。長期慢性肝病可能會讓健康的肝細胞受到永久性傷害，使得肝細胞壞死，肝組織結構受破壞，導致肝內出現許多纖維束，造成肝臟纖維化、變硬，逐漸失去功能，這就是所謂的「肝硬化」。

有道是「預防重於治療」，平日正確的飲食保養，可以減少肝硬化及肝癌等疾病發生。如果是 B 型或 C 型肝炎患者，而且有脂肪肝問題，其轉變成肝硬化甚至肝癌的機率更會較正常人高，因此，預防或解決脂肪肝的問題相當重要。

怎樣吃最健康

常有人問肝不好可以吃什麼？不可以吃什麼？怎樣顧肝、補肝？

其實，不同的肝病有不同的飲食原則，不同的狀況也有不同的限制。肝病種類很多，包含了健康的帶原者、慢性肝炎、肝硬化、肝癌、酒精性肝病及脂肪肝等，因此患者應與醫師及營養師討論，視個別狀況來調整飲食。

以下是一般養生保肝的飲食原則及注意事項。

◆均衡飲食，增加蔬菜水果的攝取

近來，大家都常聽到一句健康口號：「天天五蔬果，疾病遠離我」，這是因為蔬菜及水果

不同肝病的飲食建議

疾病名稱	飲食建議
急性肝炎	肝細胞是體內唯一有再生能力的細胞，採高蛋白、高熱量飲食，提供足夠的蛋白質及熱量，可幫助肝細胞再生，並提供身體所需的營養素。
慢性肝炎	採均衡及清淡飲食為原則，多食用新鮮的蔬菜、水果，增加維生素 A 、C 的攝取，至少達到「天天五蔬果」的目標。
肝硬化	採適量蛋白質及熱量攝取，並依不同狀況調整飲食。 ● 食慾不振者：除天然固體食物的攝取外，可搭配營養師建議的營養補充品，以增加營養素的攝取。 ● 腹水及下肢水腫者：適度限制鹽分及水分。 ● 食道靜脈曲張者：以軟質飲食為原則。 ● 肝昏迷者：嚴格限制蛋白質的攝取。
脂肪肝	以減重、戒酒及適度運動為首要目標。

中，富含多種抗氧化物質，如維生素 C、維生素 E 等。根據研究發現，抗氧化劑有對抗體內自由基的作用，可避免身體細胞受自由基傷害，降低癌症的發生率。

◆避免食用受黃麴毒素及多氯聯苯污染的食物

有些受污染的食物可能會誘發肝癌形成，例如含黃麴毒素的花生及其製品、含多氯聯苯的魚貝類等。特別是黃麴毒素，研究顯示，這是一種很強的致肝癌物質，長期攝取遭黃麴毒素污染的食物，會導致肝臟受損甚至誘發肝癌形成。

食品藥物檢驗局於民國 93 年，曾針對市售花生粉進行黃麴毒素含量的抽驗，結果顯示，在 51 件花生粉中，有 6 件黃麴毒素的含量超過標準。因此，在相關食品的選購上應謹慎，宜選擇有品牌且信譽良好的廠商所生產的食品，不購買來源不明、無包裝及標示的商品。

◆減少高脂肪及高糖類食物的攝取

現代人飲食往往過於油膩，很容易形成脂肪肝，因此，平時自行烹調或外食，都應該減少油脂的攝取。而且，不僅要避開油煎、油炸的食物，巧克力、冰淇淋、糕餅類點心等高油脂及高糖類食物，也要能免則免。

總之，在肝臟的保健及治療，提供適當的飲食模式、規律的生活作息、適度的運動、定期的健康檢查，且不隨便嘗試他人所提供的偏方，是相當重要的，以免造成肝臟的損害甚至肝衰竭，造成終身的遺憾。另外，不濫服藥物並定期做健康檢查，減少肝臟負擔，才是真正的養生保肝之道。

〔健康廚房〕 **遠離肝病食譜示範**

翁慧玲營養師／食譜設計

橙汁雞柳

雞肉富含蛋白質，對於肝炎患者，有修復肝細胞作用。

》**材 料**

去骨雞胸肉250公克
紅甜椒80公克、小黃瓜80公克

》**調味料**

濃縮柳橙汁150cc

》**作 法**

1. 小黃瓜切絲，紅甜椒去籽並切絲。
2. 雞胸肉切成長條狀，入滾水中燙熟，放入冰水中放涼，取出瀝乾備用。
3. 將雞條、小黃瓜絲及紅甜椒絲盛盤，再淋上濃縮柳橙汁拌勻即成。

營養分析（一人份量）

營養素	
蛋白質（公克）	14.2
脂質（公克）	1.3
醣類（公克）	7.7
熱量（大卡）	98

豆腐燉南瓜

豆腐與肉類一樣富含豐富蛋白質，可提供肝細胞組織修補之用。
此道菜質地柔軟容易下嚥，對於食慾不振患者是不錯的選擇。

》**材　料**

南瓜 300 公克
傳統豆腐 320 公克
青豆仁 40 公克
紅棗 12 顆、高湯 3 碗

》**調味料**

醬油 1 大匙、鹽 1/2 茶匙
香油 1 茶匙

》**作　法**

1. 南瓜切大塊（籽及皮不去除），豆腐切大塊備用。
2. 鍋中入高湯、醬油、紅棗、豆腐及南瓜，先以大火煮至水滾後，改以小火燜煮至南瓜熟透，起鍋前加鹽調味即成。

營養分析（一人份量）

營養素	
蛋白質（公克）	9.5
脂質（公克）	2.9
醣類（公克）	16.1
熱量（大卡）	124

烤馬鈴薯

馬鈴薯富含維生素B_1及B_2，紅甜椒富含維生素C，對肝臟有助益。馬鈴薯又富含碳水化合物歸類為主食，可用來取代米飯，或當做點心補充熱量用。

》材　料

馬鈴薯（小）4 個、紅甜椒 1/2 個
絞肉 300 公克、蒜末 1 匙、巴西里 1 匙

》調味料

醬油 1 茶匙、香油 1/2 茶匙、奶油 1 大匙

》作　法

1. 紅甜椒及巴西里切細末。馬鈴薯洗淨由中間劃一刀備用（勿切斷），另外將絞肉加入蒜末、醬油及香油拌勻。
2. 將調味好的絞肉及奶油塞入馬鈴薯中，灑上巴西里末及甜椒末，再以鋁箔紙包裹，移入已預熱的烤箱，以 360 ℃的火力烤 10 分鐘即成。

營養分析（一人份量）

營養素	
蛋白質（公克）	16.1
脂質（公克）	5.9
醣類（公克）	31.29
熱量（大卡）	248

河粉蔬捲

這道菜相當爽口，對於食慾不振的患者是不錯的選擇。
同時芝麻屬於油脂類，可提供肝病患者所需的熱量，也有保肝作用。
蔬菜含有豐富的抗氧化物及纖維，有防癌作用，且芝麻也含有抗氧化成分。

》 材 料

河粉（或紫菜）2張
菠菜100公克
綠豆芽100公克、胡蘿蔔100公克
白芝麻1匙

》 調味料

鹽1/2匙、香油1匙

》 作 法

1. 白芝麻以小火炒香備用。
2. 胡蘿蔔去皮切絲，菠菜切長段，分別入滾水中汆燙，再取出入冰水中放涼，瀝乾水分，加入調味料拌勻。
3. 河粉平鋪，分別將胡蘿蔔、菠菜及綠豆芽平鋪後，灑上白芝麻，捲起即可食用。

營養分析（一人份量）

營養素	
蛋白質（公克）	2.5
脂質（公克）	0.3
醣類（公克）	4.9
熱量（大卡）	29

營養素	
蛋白質（公克）	3.1
脂質（公克）	6.3
醣類（公克）	13.2
熱量（大卡）	120

牛奶洋蔥湯

牛奶中的蛋白質為高生理價的蛋白質，可提供肝組織修補之用。而洋蔥富含果寡糖，可幫助大腸內有益菌生長。另外，洋蔥也含豐富半胱胺酸以及硒，具有延緩細胞老化及抗氧化功效。

》材　料

鮮奶600cc、洋蔥1粒
中筋麵粉20公克

》調味料

橄欖油1大匙、鹽1/2匙

》作　法

1. 洋蔥去蒂洗淨切絲，入油鍋炒香，再加入麵粉拌炒均勻，入2碗水以小火慢慢熬出洋蔥的甜味。
2. 待洋蔥軟爛後，再倒入牛奶煮沸，加鹽調味即成。

水果仙草凍

此道點心含有適量的醣類，可提供肝病患者所需的熱量。
另外這道點心蛋白質含量低，對於需限制蛋白食量的患者也適用。

》材　料

仙草粉 20 公克、奇異果 1 個
西瓜丁 120 公克、哈蜜瓜 150 公克
太白粉 2 大匙

》調味料

蜂蜜 1 大匙

》作　法

1. 仙草粉加 3 碗水攪拌均勻，以小火加熱且不停攪拌，最後加太白粉水拌勻，放冷卻備用。
2. 奇異果、西瓜丁、哈蜜瓜挖球及切丁放在仙草凍上，並淋上蜂蜜即可食用。

營養分析（一人份量）

營養素	
蛋白質（公克）	0.6
脂質（公克）	0.1
醣類（公克）	6.1
熱量（大卡）	41

糖尿病是個全球性疾病，而今有增加的趨勢。
根據世界衛生組織（WHO）預估，2025年全人口盛行率將達到5.4％，
相當於三億人會罹患糖尿病。
在台灣，衛生署於1999年公布45歲以上人口中，
有8％的男性，以及17.4％的女性有糖尿病。而糖尿病的死亡率也由
1983年的12.6％，成長到2000年的42.6％（每10萬人統計百分比）。
因此，在台灣以及全世界，糖尿病都是一個需要重視的疾病。

個論 4

糖尿病
飲 · 食 · 處 · 方

諮詢專家

莊立民
現職：臺大醫學院內科教授
　　　臺大公衛學院教授
學歷：臺大醫學院醫學士
　　　臺大醫學院臨床醫學研究所博士

歐陽鍾美
現職：臺大醫院營養師
學歷：美國肯塔基大學生化營養碩士
　　　美國塔芙滋大學營養學院博士候選人

〔請教醫師〕 認識 **糖尿病**

莊立民 醫師（臺大醫院內科部）

糖尿病的定義

糖尿病指病人排泄的尿很多帶有甜味。除了醣類代謝的異常，也常伴有蛋白質與脂質代謝的異常。

目前，醫學界是以「血糖高低」作為糖尿病診斷的標準。因為有許多研究指出，當空腹血糖大於 100 mg/dl 時，未來罹患糖尿病及冠狀動脈心臟病的機率就會增加，因而於 2004 年將空腹高血糖的定義向下修正，並把「空腹高血糖」及「葡萄糖耐受性不良」稱為「前期糖尿病」（pre-diabetes）；而空腹血糖超過 126 mg/dl，或飯後血糖超過 200 mg/dl 定義為「糖尿病」（參見下頁表）。

糖尿病的種類與致病因

糖尿病的產生，有不同的原因及病程。目前，醫學界大都根據 1997 年美國糖尿病學會的研究，將糖尿病分為四類：第一型糖尿病（type 1 diabetes）；第二型糖尿病（type 2 diabetes）；其他有明確原因的糖尿病（other specific types）；妊娠性糖尿病（gestational diabetes mellitus，簡稱 GDM）。

◆第一型糖尿病

此病是由於分泌胰島素的胰島 β 細胞受破壞，無法產生胰島素所致，約占所有糖尿病患者的 5～10%。β 細胞之所以受破壞，常常是因為免疫的作用，但也有一部分人找不到明確的原因。因此，美國糖尿病學會將第一型糖尿病再細分為：免疫的原因引起（immune mediated）；或原因不明（idiopathic）。

◆第二型糖尿病

此病導因於胰島素分泌異常，加上胰島素作用不良所致，約占所有糖尿病患者

的90～95％。比起自體免疫引起的第一型糖尿病，第二型糖尿病有更強的遺傳傾向，常可見到家族聚集的情形；這類病人大都有肥胖問題，特別是腹部的肥胖。

◆ 其他有明確原因的糖尿病

這是指所有可找到明確病因的糖尿病，約占所有糖尿病患者的1～2％，包括特定基因突變造成的糖尿病，以及其他因內分泌問題、藥物、感染等造成的糖尿病。

◆ 妊娠性糖尿病

此病是指在懷孕過程中才發生的糖尿病，約占所有糖尿病患者的2～3％。此病大多源於孕婦體重急速增加太多，尤其是有糖尿病家族史或高齡、肥胖者。如果不注意控制，有可能併發妊娠毒血症，或造成生產困難。

糖尿病的併發症

◆ 急性併發症

糖尿病的急性併發症，是指因胰島素缺乏或過多，導致對生命有立即威脅的代謝異常，需緊急處理者。包括：低血糖症；糖尿病酮酸血症（diabetic ketoacido-

---

醣類代謝異常的診斷

空腹高血糖

空腹血糖❶介於100～125 mg/dl者。

葡萄糖耐受性不良

口服75公克葡萄糖耐糖試驗2小時的血糖，介於140～199 mg/dl者。

糖尿病

1.有糖尿病的症狀❷，加上隨機測得的血糖≧200 mg/dl。
2.空腹血糖≧126 mg/dl。
3.口服75公克葡萄糖耐糖試驗2小時的血糖≧200 mg/dl。

註：❶空腹血糖，指空腹至少8小時。
　　❷糖尿病的症狀包括尿多、喝多及體重減輕，除了血糖非常高之外，以上檢查都應該在另一天重複做一次，以確定診斷。

sis，簡稱 DKA）；非酮體高滲透壓症候群（nonketotic hyperosmolar syndrome，簡稱 NKHS）。

◆慢性併發症

　　糖尿病的慢性併發症，包括：大血管病變，如冠狀動脈、腦血管與周邊血管疾病；小血管病變，如視網膜病變、神經病變和腎病變，而且還會增加罹患白內障的機率，以及導致糖尿病足。而治療糖尿病的目標，即是要預防慢性併發症之產生。

糖尿病的診治

◆糖尿病的問診與檢查

　　第二型糖尿病患者，常同時伴有代謝症候群的其他疾病，加上這些疾病都是冠狀動脈心臟病的危險因子，所以一旦糖尿病的診斷確定，就要檢查病人有沒有高血壓、高血脂、肥胖等問題，並詢問有沒有抽菸。

　　在血糖的控制方面，除了要詢問飲食、生活及運動習慣外，也要檢查病人的空腹、飯後血糖及糖化血色素（A1C）。如果是第二型糖尿病患者，還要進一步檢查肝功能及腎功能，以作為之後開立口服藥的依據。

　　在慢性併發症方面，第一型糖尿病患者在診斷至少 5 年後，再開始篩檢慢性併發症即可；而第二型糖尿病一旦診斷確認，就應篩檢有無慢性併發症。

◆糖尿病的治療目標

　　糖尿病患者的治療，包括血糖、血壓、血脂三方面的控制，以及慢性併發症的篩檢與治療。至於控制的目標，應該因人而異，特別是老人與小孩。下頁表即為美國糖尿病學會，於 2004 年提出的「糖尿病患者治療目標」，供讀者作為參考。

◆糖尿病的治療用藥

　　糖尿病治療最重要的是血糖控制，包括飲食、運動、體重控制，以及藥物治療。

　　藥物可分為口服抗糖尿病藥物，以及胰島素注射。通常大部分第一型糖尿病患

者口服藥物是無效的，需要注射胰島素治療。

口服抗糖尿病藥物治療

目前口服抗糖尿病藥物，共分為四大類：α-glucosidase 抑制劑；磺醯尿素類、 Meglitinide 類、 D-phenylalanine 類等促胰島素分泌藥物；雙胍類藥物；Thiazolidinedione 類藥物。醫師會考慮病人需要，選擇不同的藥物。

胰島素注射治療

第一型糖尿病的患者，每天每公斤約需0.6～1.2單位之胰島素。第二型糖尿病的患者，有時也需注射胰島素治療，每天每公斤需1～2單位之胰島素，視其胰島素敏感性而不同。而懷孕、嚴重感染或疾病、類固醇的使用，都可能使胰島素的需要量增加。

目前，胰島素製劑有很多種，在作用起始的時間，最大作用時間及作用持續時間等性質，均各有特色，必須由醫師指示用藥。

如何預防糖尿病

糖尿病的預防和治療重點都一樣，那就是注意飲食、多運動和控制體重。只要能飲食均衡、少吃會引發血糖急遽上升的食物（如甜點）；每星期運動三次，每次30分鐘以上（年紀大者可採緩和運動，如柔軟體操、健走）；控制BMI值（身體質量指數，體重除以身高平方）勿超過25，就可大幅減少罹患糖尿病的機率。

糖尿病患者治療目標

血糖控制

糖化血色素（A1C）＜7.0%❶
飯前血糖　　90～130 mg/dl
飯後血糖❷　＜180 mg/dl

血壓控制

收縮壓／舒張壓＜130/80 mmHg

血脂控制

低密度脂蛋白膽固醇　＜100 mg/dl

三酸甘油脂　＜150 mg/dl

高密度脂蛋白膽固醇　男性＞40 mg/dl
　　　　　　　　　　女性＞50 mg/ml

註：❶正常人的A1C參考值為4.0～6.0%。　❷飯後指開始吃飯後1～2小時。

糖尿病的口服藥物

種類	藥物作用	常見副作用
α-glucosidase 抑制劑	可減緩醣類的分解及吸收，從而達到平穩飯後血糖之目的。	腸胃症狀，包括脹氣、腹瀉或軟便等。
磺醯尿素類藥物 Meglitinide 類藥物 D-phenylalanine 類藥物	這幾類藥物主要作用是促進胰島素分泌。 由於促進胰島素分泌的藥物種類繁多，各有特色，因此必須由醫師指示用藥。	低血糖症
雙胍類藥物	雙胍類中僅 metformin 可在台灣使用。 可以減少肝臟葡萄糖釋出，增加肌肉及脂肪組織對葡萄糖的吸收，從而改善胰島素作用。	腸胃道問題，如食慾不振、噁心、嘔吐、脹氣及腹瀉等。 長期服用此藥，會造成維生素 B_{12} 及葉酸吸收減少，可能引起老年人貧血。 若病人有尿毒症、心肺功能不足、酒精中毒、肝腎功能極度不良等問題，雙胍類藥物應列為禁忌。
Thiazolidinedione 類藥物	可增加胰島素在肝臟及肌肉組織的作用，且會改變脂肪細胞分泌脂肪激素的量，降低血糖。 使用此類藥物兩星期後才會開始見效，約需三個月後才能發揮最大的降血糖作用。	以肝功能異常最受人矚目，建議用藥前先評估肝功能，並在服用期間定期追蹤肝功能。 這類藥物會引起水分滯留，特別是跟胰島素一起使用時，所以對於心衰竭的病人並不建議使用。 使用此藥也會造成體重上升，體脂肪會重新分布。

〔請教營養師〕 **遠離糖尿病飲食指南**

歐陽鍾美 營養師（臺大醫院營養部）

從「固定醣類」來控制血糖

　　「糖尿病飲食」的設計原則，是採高纖、低油與適當醣類之方式，使血糖控制達到穩定為目標，進而避免或延緩糖尿病併發症的發生。許多病人常以為糖尿病飲食限制很多，例如菜餚不可勾芡或加糖，青菜只能「燙」不能「炒」等；但這樣吃起來覺得平淡無味，於是對糖尿病飲食敬而遠之，平日飲食仍是我行我素，血糖更是高高低低控制不佳。其實，糖尿病飲食已不像以往限制那麼多，飲食原則仍以「健康均衡」為出發點，從「固定醣類份量」做起，配以適度活動量與適當的藥物劑量，要達成良好的血糖控制並不難。

　　什麼是「固定醣類份量」呢？簡單來說就是固定飲食中含醣食物的攝取份量。含醣食物主要包括：主食類（五穀根莖類）、水果類和奶類。雖然蔬菜類也含有些許醣，但因含豐富膳食纖維且對血糖影響不大，所以通常可以忽略；除非患者大量攝取蔬菜，如一次進食半斤青菜以上才需計算。

　　科學證據顯示，「醣類」是影響飯後血糖與胰島素需要量的主要因素。 1994 年美國糖尿病學會即指出，無論是單醣、雙醣（如蔗糖）還是多醣（如澱粉），最後在身體內都會轉變成葡萄糖，因此，固定醣類份量可以穩定飯後血糖，患者更要清楚了解：醣類攝取的「總量」比「種類」還重要。

　　「固定醣類份量」是希望糖尿病患者，每餐攝取之總醣量都能固定或接近。例如早餐若吃一碗飯約含 60 公克醣，午、晚餐若吃一碗

▲ 遵守高纖低油的原則，就能輕鬆享瘦。

飯加一份水果其含醣量即為 75 公克醣，為了讓血糖趨近穩定值，每餐的醣類要接近，最好不要超過或少於 5 公克醣。糖尿病患者可以在營養師諮詢門診時，學習「醣類計算」，了解各種食物的含醣量與醣類代換方法，譬如一碗地瓜稀飯含多少醣？一碗飯相當於兩碗地瓜稀飯等。如此一來，食物種類就可以有變化，不至於單調乏味千篇一律。

常見主食類、奶類、水果類的醣類份量計算，請參見下頁表。

怎樣吃最健康

◆計算「主食」與「水果」的份量

在進食前要先想一下，這一餐需要計算醣類的食物有哪些？一般來說，除非有喝到牛奶，否則大部分只要計算「主食」和「水果」即可。所以，倘若每餐都吃米飯，固定飯量即可，如每餐固定吃八分滿飯和一份水果，血糖值就會固定在一定範圍。至於偶爾吃到勾芡或加點糖烹調的食物，只要份量不多，其對血糖影響並不大，所以不需控制得太嚴格。

有些糖尿病患者自從知道自己罹病後，就不敢吃太甜的水果，平日只吃番茄等不甜的水果。事實上，糖尿病患者食用的水果種類是不需限制的，只有份量需控制和計算，通常每日水果份量建議在 2～3 份，每份水果含醣約 15 公克（如柳丁一個或小蘋果一個）；至於果汁因含糖量較高，應盡量避免。

◆控制熱量攝取

大部分糖尿病患者需要體重控制，因此，熱量控制也常被放入糖尿病飲食計畫中，以確保體重維持在理想範圍內。許多病人常常覺得吃不飽，而放棄飲食控制；其實只要掌握好體重控制的技巧，如「高纖低油」和「少量多餐」，就可以

▲ 果汁含糖量較高，宜盡量避免。

讓患者舒舒服服且健康地瘦下來。

　　目前多數人的飲食型態為「外食」，而且交際應酬多，要控制體重很難。倘若能在家中自行料理，以蒸、煮、燒、烤、燉、滷和涼拌等「低油」的烹調方式，來取代炒、炸、煎等，就可以很快地讓體重降下來。如果需要外食，在點菜挑選時要小心，如多選擇上述「低油」烹調方式的料理，這樣也可以減少許多熱量攝取。

簡易食物代換表（一）主食類

1 份主食	1/4 碗飯＝1/2 碗稀飯 1/4 個台灣饅頭＝1/10 個山東饅頭 1 片土司＝1 個小餐包＝1 片芋頭糕 1/2 碗麵條＝1/2 碗米粉＝1/2 碗冬粉 2 張春捲皮＝4 張餃子皮＝7 張餛飩皮 2 片蘇打餅乾（大）＝10 粒小湯圓 1/4 碗地瓜（或馬鈴薯、芋頭、紅豆、綠豆）	15公克醣 熱量70大卡
2 份主食	1/2 碗飯＝1 碗稀飯 1/2 個台灣饅頭＝1/5 個山東饅頭 2 片土司＝2 個小餐包＝2 片芋頭糕 1 碗麵條＝1 碗米粉＝1 碗冬粉 4 張春捲皮＝8 張餃子皮＝14 張餛飩皮 4 片蘇打餅乾（大）＝20 粒小湯圓 1/2 碗地瓜（或馬鈴薯、芋頭、紅豆、綠豆）	30公克醣 熱量140大卡
3 份主食	3/4 碗飯＝1 又 1/2 碗稀飯 3/4 個台灣饅頭＝3/10 個山東饅頭 3 片土司＝3 個小餐包＝3 片芋頭糕 1 又 1/2 碗麵條＝1 又 1/2 碗米粉＝1 又 1/2 碗冬粉 6 張春捲皮＝12 張餃子皮＝21 張餛飩皮 6 片蘇打餅乾（大）＝30 粒小湯圓 3/4 碗地瓜（或馬鈴薯、芋頭、紅豆、綠豆）	45公克醣 熱量210大卡
4 份主食	1 碗飯＝2 碗稀飯 1 個台灣饅頭＝4/10 個山東饅頭 4 片土司＝4 個小餐包＝4 片芋頭糕 2 碗麵條＝2 碗米粉＝2 碗冬粉 8 張春捲皮＝16 張餃子皮＝28 張餛飩皮 8 片蘇打餅乾（大）＝40 粒小湯圓 1 碗地瓜（或馬鈴薯、芋頭、紅豆、綠豆）	60公克醣 熱量280大卡

簡易食物代換表（二）奶類

1 份全脂	1 杯鮮奶（236 毫升）＝ 4 平湯匙 全脂奶粉	12 公克醣 熱量150 大卡
1 份低脂奶	1 杯低脂奶（236 毫升）＝ 3 平湯匙 低脂奶粉	12 公克醣 熱量120 大卡
1 份脫脂奶	1 杯脫脂奶（236 毫升）＝ 3 平湯匙 脫脂奶粉	12 公克醣 熱量80 大卡

簡易食物代換表（三）水果類

| 1 份水果 | 1 個蘋果（小）＝1 個奇異果＝1 個桃子
1 個水蜜桃（小）＝1 個加州李＝1 個橘子（或柳丁）
1/2 個葡萄柚 ＝1/2 根香蕉＝1/6 個木瓜（中）
＝3 粒蓮霧
1 個土芒果＝1 個土芭樂＝1/2 個泰國芭樂
＝1 片西瓜（連皮半斤）
1 個楊桃（小）＝5 顆荔枝＝9 顆草莓（或櫻桃）
＝6 顆枇杷＝13 顆葡萄 | 15 公克醣
熱量60 大卡 |

◆謹慎選擇烹調用油

「油」的問題除了份量增加會讓體重上升外，種類選擇也需注意。為了避免增加心血管的負擔，應減少飽和脂肪的攝取，多選擇含單元不飽和脂肪酸高的油，如芥花油、橄欖油、花生油、苦茶油等。但要注意，不管哪種油所含的熱量都一樣，每公克油脂都是含九大卡熱量，因此油脂的用量必須控制，才能維持理想體重或控制體重。

總之，糖尿病飲食並不如大家所想像得困難執行或不可口，重點是方法正確與確實執行。糖尿病飲食控制，是整個糖尿病自我管理的基礎，若配以適度的運動與自我血糖監測，找出自我血糖變化型態與對應策略，要將血糖控制良好並不難，且可延緩併發症的發生。

〔健康廚房〕 **遠離糖尿病食譜示範**

歐陽鍾美營養師／食譜設計

烤魚下巴

魚類含omega-3脂肪酸可降低三酸甘油脂和增加HDL膽固醇,可防止動脈硬化。

》**材　料**

鯛魚下巴4個

》**醃　料**

鹽1/2匙、酒1匙、薑絲20克

》**作　法**

1. 魚下巴洗淨,加入醃料醃10分鐘。
2. 將醃好的魚下巴移入已預熱的烤箱,
   以120℃的火力烤20分鐘即成。

營養分析(一人份量)

營養素	
蛋白質(公克)	10
脂質(公克)	4
醣類(公克)	-
熱量(大卡)	76

地瓜雜糧飯

燕麥富含膳食纖維和 β-glucan，膳時纖維中的水溶性纖維可調整醣類和脂肪代謝、降低膽固醇含量、預防心血管疾病。大麥、胚芽米含豐富維生素 E 爲抗氧化物質、可預防老化。地瓜含豐富維生素 C、E、膳食纖維和微量礦物質如銅、鎂等物質，膳食纖維可減少膽固醇和預防便祕，微量礦物質扮演身體重要的輔助因子，影響代謝。

》**材　料**

地瓜 160 公克、小麥 40 公克
燕麥 40 公克、裸麥 40 公克
小米 40 公克、胚芽米 80 公克
蓮藕丁適量、西芹丁適量

》**作　法**

1. 地瓜洗淨去皮後切丁。
2. 其他材料洗過後與地瓜丁放入電鍋，並倒入約高出材料 4 公分高的水分。
3. 煮熟攪拌後即可食用。

營養分析（一人份量）	
營養素	
蛋白質（公克）	5
脂質（公克）	1
醣類（公克）	52
熱量（大卡）	237

營養素	
蛋白質（公克）	1
脂質（公克）	1
醣類（公克）	28
熱量（大卡）	125

拌藕芹

西洋芹、蓮藕、玉米粒皆含豐富纖維質，雖然玉米粒為主食類食物含較多醣類，但因份量不多且其他食材纖維質豐富，因此對醣類的吸收有限，反而幫助血糖控制。

》材 料

蓮藕120公克、西洋芹160公克
生玉米粒80公克（非罐頭製品）

》調味料

鹽1/2茶匙
醋1茶匙
果糖1/2茶匙

》作 法

1.蓮藕、西洋芹分別洗淨切丁，燙熟瀝乾備用。
2.玉米粒亦煮熟瀝乾備用。
3.將材料混合後，拌入調味料，待入味後即可食用。

89

燴豆腐

黃豆製品含異黃酮、植物雌激素等具抗氧化特性，可延緩老化的發生。
番茄含有茄紅素具抗癌效果，另含穀胱甘肽為抗氧化劑是維持細胞正常代謝不可或缺的物質。
香菇含核酸類物質可抑制血清及肝臟中膽固醇增加，促進血液循環、防止動脈硬化。

》**材 料**

盒裝嫩豆腐約100公克
筍片60公克
新鮮香菇4朵、番茄1個

》**調味料**

鹽1/2匙
太白粉1茶匙
醬油1/2茶匙

》**作 法**

1. 將材料洗淨，香菇、番茄切片，再起水鍋，放入筍片與香菇片燙熟（加少許鹽），湯汁留下備用。
2. 豆腐切正方塊（厚度約1.2公分），上面鑲入筍片、香菇片與番茄片。
3. 將煮過筍片與香菇的湯汁加熱並加入鹽與醬油調味，加入太白粉水勾芡，淋在作法2材料上即成。

營養分析（一人份量）

營養素	
蛋白質（公克）	3
脂質（公克）	1
醣類（公克）	4
熱量（大卡）	37

營養分析（一人份量）	
營養素	
蛋白質（公克）	2
脂質（公克）	-
醣類（公克）	5
熱量（大卡）	28

大頭菜湯

蔬菜湯可增加飽足感，減少糖尿病患過食，影響血糖。

》**材　料**

大頭菜400公克、大骨1付
薑絲1大匙、芫荽（香菜）1小把

》**調味料**

鹽1/2茶匙

》**作　法**

1. 大頭菜洗淨切塊備用。
2. 大骨熬湯後，放入大頭菜煮
   熟並加入鹽巴調味即成。
   （亦可放入芫荽末提味。）

麥茶或芭樂茶

麥茶可熱喝或涼飲，不含糖分對血糖不影響。芭樂茶含抑制醣類分解酶的抑制成分，對血糖控制有幫助。

》**材　料**

麥茶包或芭樂茶包4包

》**作　法**

將麥茶包或芭樂茶包放入杯中，沖入1000cc的熱水（水溫以90℃為宜）中，靜置3分鐘即成。

營養分析（一人份量）

營養素	
蛋白質（公克）	-
脂質（公克）	-
醣類（公克）	1
熱量（大卡）	4

消化性潰瘍包括胃潰瘍與十二指腸潰瘍。

這兩種潰瘍形態相似，成因也接近，治療藥物亦相同。其最大不同處，在於十二指腸潰瘍多數為良性，胃潰瘍在診斷時則必須與惡性腫瘤（惡性潰瘍）來作鑑別。

消化性潰瘍的平均終生盛行率，約為 10～20％。西方國家之十二指腸潰瘍比胃潰瘍來得多；在日本則以胃潰瘍居多；不過，無論在東西方國家，消化性潰瘍似乎均好發於男性（比例為 2：1 或 1.5：1）。

雖然目前長效抑酸藥物療效已有大幅進步，但無論在開發中或已開發國家，此病仍占去龐大的醫藥支出與負擔，值得注意。

個論 5

消化性潰瘍

飲・食・處・方

諮詢專家

章明珠
現職：臺大醫院內科師主治醫師
學歷：臺北醫學院醫學系學士

黃素華
現職：臺大醫院營養師
學歷：臺北醫學大學保健營養研究所碩士

〔請教醫師〕**認識消化性潰瘍**

章明珠醫師（臺大醫院內科部）

何謂消化性潰瘍

所謂消化性潰瘍，係指消化道部位受到胃液（含有消化食物的酵素和鹽酸）腐蝕，造成黏膜受損，使黏膜層產生糜爛的現象。

消化性潰瘍包括「胃潰瘍」與「十二指腸潰瘍」，這兩種潰瘍形態相似，成因也接近，治療藥物亦相同。其最大不同處，在於十二指腸潰瘍多數為良性，胃潰瘍在診斷時則必須與惡性腫瘤（惡性潰瘍）來作鑑別。

消化性潰瘍的症狀

消化性潰瘍的典型症狀為上腹痛。這種疼痛，可能會在睡眠時把人痛醒，也可能在吃一些食物（如牛奶）或制酸劑後就得到緩解。它可以是叢集性或陣發性地發生，也可能在某一段時間較好，另一段時間又反覆再來。由於病情時好時壞，以致許多患者都抱著「能拖就拖」的心態，延誤就醫。其中，最令人擔心的是一些年紀較大，或是對疼痛較不敏感的患者（例如糖尿病患者），因為他們可能完全不會感

胃潰瘍和十二指腸潰瘍的不同點

比較的項目／病症	胃潰瘍	十二指腸潰瘍
常發生的部位	胃小彎（前庭部）	十二指腸的前端（近幽門處）
患者胃酸分泌量	正常至減少	正常至增加
患者黏膜抵抗力	降低	正常

資料來源：行政院衛生署網站

到上腹痛，而是直接以潰瘍出血或穿孔等較嚴重的併發症來表現。

消化性潰瘍的發生原因

消化性潰瘍的兩大成因為：幽門螺旋桿菌感染；非類固醇消炎藥的使用。基本上來說，此兩者均可能破壞胃腸道內胃酸與胃蛋白酶（pepsin）所保持的平衡狀態——亦即過度的酸之負擔，導致潰瘍產生。

◆幽門螺旋桿菌感染

1980年代，Marshall等人培養出幽門螺旋桿菌，並發現它可能與消化性潰瘍有關。不過，並非所有感染幽門螺旋桿菌的人，都會發生消化性潰瘍。被感染之宿主不同、環境不同與幽門螺旋桿菌菌株之不同，均可能決定消化性潰瘍之產生與否；也就是說，在這三者與其之間的交互作用下，才會造成消化性潰瘍的發生，並不是單一因子就會引起此種疾病。

◆非類固醇消炎藥的使用

引起消化性潰瘍之第二大因素，即為非類固醇消炎藥（NSAIDs）的使用。在人口年齡結構逐漸趨向高齡化的社會中，可發現消化性潰瘍之發生率逐漸增加，這與此類藥物的廣泛使用有相當關係。因為這些藥物可能會導致一些保護胃黏膜的prosglandins減少，從而產生潰瘍。

這類藥物形成的消化性潰瘍，通常在停用藥物並合併使用抑胃酸藥物後，即可改善並加速癒合。但要注意，如果患者的消化性潰瘍是單純非類固醇類抗發炎藥物所引起，則再使用此類藥物時，仍可能引起潰瘍再發。

◆壓力的影響

除了前述兩大原因，研究發現，壓力也可能與消化性潰瘍的產生有關。一些生

消炎止痛藥有可能導致潰瘍

抗生素

有些抗生素在分解時，會直接腐蝕胃腸黏膜，長期下來即會形成潰瘍。

類固醇

長期使用會影響胃黏膜的自我保護機轉，使胃壁缺乏可避免胃酸侵蝕的保護胃液，形成潰瘍。

非類固醇類消炎止痛藥物

會使胃壁上的胃黏液屏壁變薄，容易被胃酸侵蝕而形成潰瘍。

理上壓力，包括敗血症、廣面積的燒燙傷、嚴重外傷、頭部外傷合併顱內壓上升之患者，或有多重器官衰竭之患者，均可能出現壓力造成胃腸黏膜糜爛或潰瘍。

一般來說，造成此類患者產生潰瘍的原因，常是多因子的結果。不過，也有學者認為這可能是導因於黏膜有缺血（ischemia）所致之黏膜缺損，合併胃酸增加所致。除了生理上的壓力，心理（精神）上的壓力，如來自工作、經濟上的負擔，也可能同樣引發潰瘍性疾病，像日本人罹患胃潰瘍的機率就比西方國家高。

消化性潰瘍的診治

◆消化性潰瘍的診斷

消化性潰瘍的診斷並非如大家所想的容易，因為在理學（身體）檢查上，只有某些患者會出現上腹壓痛（tenderness），多數則無任何異常。在實驗室檢查方

提防消化性潰瘍的併發症

潰瘍出血

這是消化性潰瘍最常發生的併發症，大約有15％的消化性潰瘍會併發出血，且出血嚴重會導致休克，其致死率可能高達10％。因此，一旦併發出血，醫師首要之務為穩定生命徵象（心跳、脈博、血壓），之後才執行任何診斷或治療性措施。一般來說，急性消化性潰瘍出血時，可考慮是否以內視鏡執行止血治療；如果無法以內視鏡止血，則應考慮其他止血方式（例如血管攝影合併拴塞術或是手術方式來止血），以免危及生命。

胃或十二指腸穿孔

穿孔是消化性潰瘍第二大併發症，大約7％的消化性潰瘍可併發潰瘍穿孔。穿孔也是一種危險併發症，當潰瘍腐蝕胃壁或十二指腸壁而進入腹腔，病人就可能有性命之憂，因此，穿孔一旦發生，腸胃科醫師就要考慮請外科醫師會診，看是否要施行手術。

胃或十二指腸阻塞

胃或十二指腸阻塞，也稱為「幽門狹窄」或「十二指腸狹窄」。此併發症多半導因於慢性或復發性潰瘍，患者可能會常嘔吐，且藥物治療無效，因此，如果情況嚴重到無法進食或已引起消瘦等現象，就要考慮接受手術以緩解阻塞。

面，有時可以使糞便潛血反應呈現陽性，但絕大多數仍可為正常。而且，直到潰瘍已產生出血之併發症時，有些患者才會表現出貧血或缺鐵性貧血症狀。

因此，上消化道內視鏡檢查（即俗稱的「胃鏡檢查」），遂成為主要的診斷方式。至於以往較常做的上消化道鋇劑攝影（即俗稱的「胃部 X 光檢查」），一般說來敏感性較低，而且如果懷疑為惡性潰瘍時，無法同時做切片檢查。

做內視鏡檢查時，除了可以觀察潰瘍的位置與形態，來判定是否可能為惡性潰瘍之外，也可以同時取切片檢查，看胃內是否感染幽門螺旋桿菌。由此來看，無論是對於潰瘍的程度（急性、癒合性或已結疤等），還是引起潰瘍原因之了解，上消化道內視鏡檢查均為首選。

◆消化性潰瘍的治療

論及治療之前，必須先確立診斷與病因。例如一個患者，可能同時合併有幽門螺旋桿菌感染，與非類固醇類抗發炎藥物之使用，在這種情形下，必須同時控制此兩種成因，才可能有效控制潰瘍並預防復發。若是未查出病因，或是無法去除病因之治療，均略嫌不足。

消化性潰瘍治療的目標有二：第一是使潰瘍癒合，第二是找出引起潰瘍的原因（包括排除惡性潰瘍、仔細詢問病史是否有使用任何藥物、是否合併幽門螺旋桿菌感染等）。

對於患者來說，找出致病因以減少復發機會，並且預防嚴重併發症之產生，均是整個療程中必須同時注意的。

藥物治療對於多數消化性潰瘍患者都有效，其中制酸劑是最常見的藥物；如果有合併幽門螺旋桿菌感染，則在治療計畫中還應加上減菌治療（如選用兩種抗生素，加上必鹽或質子幫浦阻斷劑），以減少潰瘍復發的機會；如果潰瘍形成與某些消炎止痛藥有關，就要停用該類藥物。

此外，飲食控制、生活改善也很重要，這些都可以避免增加消化道負擔。一般來說，除非潰瘍無法用藥物治療，或有嚴重的併發症，否則患者很少會動手術。

如何預防消化性潰瘍

◆飲食改善

有研究報告指出，某些飲食可能與消化性潰瘍有關。因此，低油、高纖的飲食改善，不但有預防效果，也是治療不可或缺的一環。根據某些病例對照或前瞻研究顯示，多吃富含膳食纖維的新鮮蔬菜水果，或喝某些含水溶性纖維飲料，可以稍減十二指腸潰瘍發生機率。

▲ 多喝富含水溶性纖維飲料，減少十二指腸潰瘍。

◆戒除菸酒

酒精會破壞酸與消化道保護膜間的平衡，吸菸則會促進胃酸分泌，使潰瘍進一步惡化，拖延治癒時間。

◆不亂服藥物

許多人喜歡亂服成藥，或在求醫時請醫師加開某些藥物，以為藥吃多才會快快好，其實都是錯誤觀念。藥絕不能隨便亂吃，尤其是消炎止痛藥，如常見的阿斯匹靈、類固醇或抗關節炎藥物等，對胃黏膜都有一定的殺傷力，一定要經醫師指示才能服用。如果潰瘍患者因疾病必須長期服用這類藥物，一定要告知醫師，讓醫師視狀況開立胃腸保護藥。

◆舒解壓力

壓力是造成現代人消化性潰瘍很重要的因素，因此，維持精神生活品質、保持愉快心情，對於疾病的預防相當重要。

建議大家多找些抒解情緒的妙方，培養生活的興趣、嗜好，盡量減輕工作壓力、避免把工作帶回家，並保持充足睡眠、避免熬夜。

〔請教營養師〕**遠離消化性潰瘍飲食指南**

黃素華營養師（臺大醫院營養部）

飲食與消化性潰瘍的關係

有些人常說自己「胃不好」，其實問題多出在消化性潰瘍，以致喪失了許多大快朵頤的機會。大部分消化性潰瘍不是發生在十二指腸就是在胃部，或兩者伴隨發生，約有5%胃潰瘍者合併有十二指腸潰瘍，20%十二指腸潰瘍者合併有胃潰瘍。一般來說，十二指腸潰瘍最為常見，其次為胃潰瘍。潰瘍發生率以男性居高，不過近年研究顯示，女性發生率有逐年增加的趨勢。

不當的飲食，會加重消化道刺激，久而久之，胃、十二指腸黏膜就會受損，如果加上其他環境刺激，如用藥、壓力等致病因子，就有可能形成潰瘍。而且，隨著年齡增長，胃酸和胃排空的時間都有明顯下降的趨勢，因此，中老年人出現消化性潰瘍的情形比年輕人多，且其發生併發症的出血機率亦較年輕人高。

有鑑於此，無論消化道是否出現潰瘍，中老年人都應特別注重飲食生活，注意營養均衡易消化，避免刺激性食物，調整體質、保護消化系統，避免出現潰瘍及其造成的營養問題（如體重減輕、維生素 B_{12} 及鐵質吸收率降低、惡性貧血及營養不良等），是忙碌現代人的重要養生之道。

怎樣吃最健康

◆攝取足夠的營養

每日攝取的營養素來源，應均衡來自六大類食物——主食、奶類、肉魚蛋及豆製品、蔬菜、水果及適量的油脂。

◆注意飲食中膳食纖維的攝取

有研究指出，十二指腸潰瘍患者採用高纖飲食，其復發率為低纖飲食者的一半

以下。另有一項實驗發現，飲食中增加油脂、降低膳食纖維的攝取量，結果並不能增加大腸黏膜細胞的增殖率。由此可見，增加膳食纖維的攝取，對於消化道保養是不可或缺的。

但要注意的是，糙米、麥片、豆類和果皮所含纖維質地較粗，對於消化道黏膜較薄或有潰瘍的人來說，容易加重受損的機會，因此最好選擇纖維較細、含水溶性纖維高的的主食或蔬菜，如瓜類、木耳等；至於水果最好去皮食用，或是打成果汁濾渣後再飲用。

▲ 宜攝食如木耳屬纖維較細、含水溶性纖維高的食材。

◆合理攝取好的油脂

脂肪可抑制胃酸分泌，但飲食中的脂肪攝取量不須特別提高，油炸等高油食物潰瘍患者尤應避免，一般來說，脂肪的攝取量占每日總熱量的25～30%為宜。

在烹調用油方面，最好選擇植物性油脂（如葵花油），因其結構為多元不飽和脂肪酸，近年來研究發現，多元不飽和脂肪酸如亞麻油酸、二十碳五烯酸（EPA），可抑制幽門螺旋桿菌的生長，幫助預防消化性潰瘍。

◆烹調食物以好消化為宜

為了避免增加腸胃負擔，飲食烹調以清淡好消化為宜，如清蒸、燉煮料理或粥品都是不錯的選擇；反之，煎、烤或油炸食品，較硬的炒飯，牛筋、豬腳等高膠質食物，以及糯米做成的粽子、油飯或年糕、麻薯等點心，都比較難消化，最好能免則免。

◆慎選奶製品

牛奶含有豐富的鈣質，研究顯示，鈣質可保護胃腸道黏膜細胞的完整性，增強防禦機制。不過，牛奶中的鈣質及蛋白質為潛在的促泌素（secretagogue），十二

指腸潰瘍分泌胃酸過多者不建議食用。

　　至於優酪乳，根據 Wang 等人最新的研究發現，每天喝兩次優酪乳，為期六星期後，表現出抑制幽門螺旋桿菌的效果。雖不代表可以根治，但從預防的角度來看，還是鼓勵大家喝優酪乳。如果能以低脂優酪乳取代平日飲用的牛奶，對消化道更好，而且熱量也更低。

▲ 低脂優酪乳有助消化道保護。

◆避開刺激腸胃的食物

- 有些食物容易脹氣，如洋蔥、豆類、韭菜、地瓜、青椒等，會讓患者有不舒服的飽脹感，最好避免食用。
- 避開太燙或太冷的食物或飲料，冰品尤應忌食。
- 烹調時，避免使用辣椒、芥末、胡椒等刺激辛香料。
- 避免吃堅果類、蜜餞類及甜食等。
- 避免飲用含酒精及咖啡因（如咖啡、可樂、濃茶）的飲料。

◆培養良好的飲食生活習慣

- 每餐定時定量，少量多餐，勿暴飲暴食。
- 細嚼慢嚥，保持輕鬆愉快的心情進餐，避免邊看電視或邊看報紙邊用餐。
- 飯前半小時及飯後 1 小時內不要喝大量水，以免稀釋胃液。
- 飯後稍作休息，可以輕鬆散步，但不要做劇烈活動。

〔健康廚房〕**遠離消化性潰瘍食譜示範**

黃素華營養師／食譜設計

蒸蝦丸

此道菜餚味鮮，富含優質蛋白質，細質易消化，爲使肉質滑潤爽口，太白粉亦可換成蛋白，更可增加菜餚的營養價值。

》**材　料**

蝦仁60公克、豬絞肉60公克
蔥末1茶匙、薑末1茶匙
太白粉1茶匙

》**調味料**

鹽1/2茶匙、香麻油1/2茶匙

》**作　法**

1. 將蝦仁洗淨去腸泥，並瀝乾水分。
2. 蝦仁拍碎與豬絞肉混合，並放入太白粉及蔥、薑末和成黏糊狀，用小湯匙挖出一顆顆小球。
3. 放入蒸鍋，大火蒸約5分鐘即成。

營養分析（一人份量）

營養素	
蛋白質（公克）	3.5
脂質（公克）	2
醣類（公克）	-
熱量（大卡）	33

營養分析 (一人份量)	
營養素	
蛋白質（公克）	61
脂質（公克）	7.2
醣類（公克）	3
熱量（大卡）	1.2

瓜仔魚

魚肉清蒸易消化吸收，可獲得較佳、高生理價值的蛋白質來源。

》材 料

石斑魚180公克、花瓜60公克
蔥少許、薑少許

》調味料

鹽1/2茶匙、米酒1湯匙
醬油1湯匙

》作 法

1. 魚抹上鹽、酒略醃一下（約5分鐘）。

2. 花瓜、蔥、薑切細末，舖在魚身上，淋上醬油，入蒸鍋以大火蒸熟（約20分鐘）即成。

三色泥

對於不喜歡吃米食的人，如果將主食類改成不同的來源，如南瓜、山藥等，除了獲得澱粉質之外，尚可攝取到較多的纖維素及礦物質。

》材　料

馬鈴薯90公克、南瓜100公克
紫色山藥70公克

》調味料

糖2湯匙

》作　法

1.所有材料去皮切塊，入蒸鍋以大火蒸熟後，再分別搗成泥狀。
2.趁三色泥熱時加入糖拌勻，捏成圓型即成。

營養分析（一人份量）

營養素	含量
蛋白質（公克）	1.5
脂質（公克）	-
醣類（公克）	18.8
熱量（大卡）	82.5

炒川七

川七中除了含豐富的維生素A之外，尚含有豐富的鐵質，每100公克中就可以提供鐵質3.1毫克。

》**材　料**

川七400公克、枸杞少許、薑絲少許

》**調味料**

黑麻油1又1/2湯匙、鹽少許

》**作　法**

起油鍋，放入薑絲爆一下，再倒入枸杞及川七大火炒熟，最後加入鹽調味，即可熄火盛盤。

青木瓜燉排骨

木瓜中存在一種蛋白質的分解酵素稱爲木瓜酵素，可以幫助消化以及改變腸道細菌叢的生態，維持腸道機能。同時，木瓜中含可溶性纖維質高，可使排便保持順暢。

》**材　料**

青木瓜 200 公克
紅蘿蔔 120 公克、排骨 260 公克

》**調味料**

鹽 1/2 茶匙
醬油 1 湯匙

》**作　法**

1. 青木瓜、紅蘿蔔去皮洗淨，切成塊狀；排骨汆燙後去血水，撈起備用。
2. 將作法 1 材料放入盅內，加入調味料，再置於電鍋燉 1 ～ 2 小時即成。

營養分析（一人份量）	
營養素	
蛋白質（公克）	7.2
脂質（公克）	5
醣類（公克）	5
熱量（大卡）	96.2

優酪乳水果布丁

近年來的研究顯示，多吃優酪乳可以降低幽門螺旋桿菌所引起的感染，經常服用抗生素者易導致腸道中有益菌叢的破壞，優酪乳可以重建腸胃道有益菌叢的生長，盡早恢復功能。

》材 料

水 200cc
吉利丁粉 8 公克
水蜜桃汁 200cc
奇異果丁 50 公克
哈蜜瓜丁 160 公克
優酪乳 240cc

》作 法

1. 鍋內放入水和吉利丁粉，用小打蛋器攪拌融化。
2. 將鍋子移置爐上，開小火，慢慢加熱，同時輕輕攪拌，待煮沸變稠狀即可熄火。
3. 加入水蜜桃汁攪拌拌勻，再盛入模型杯，放入水果丁，等到變涼後再放進冰箱冷藏。
4. 凝凍後，取出布丁，淋上優酪乳即可食用。

營養分析（一人份量）	
營養素	
蛋白質（公克）	2
脂質（公克）	2
醣類（公克）	12.8
熱量（大卡）	75

根據台灣腎臟醫學會於2002的統計，國人罹患尿毒症而必須「洗腎」治療的發生率（365人／每百萬人）高居世界第一名，而盛行率（1548人／每百萬人）也居世界第二名，同時衛生署歷年來所公布國人最常見十大死因中，慢性腎臟病也一直榜上有名，這些事實導致一般民眾只要聽到「腎臟病」，就馬上聯想到最嚴重的「尿毒症」或「洗腎」治療，也難怪坊間充斥著各種「顧腎補腎」的不實廣告。

民眾對腎臟病的恐懼雖不難理解，卻有點太過於「聞虎色變」，很多人更往往病急亂投醫，或胡亂吃坊間成藥、偏方，結果反而延誤病情，因此，如果身體出現尿液異常等不尋常現象，一定要及早就醫，以尋求正確診治。

個論 **6**

腎臟病

飲·食·處·方

諮詢專家

陳永銘
現職：臺大醫院內科部主治醫師
　　　臺大醫學院醫學系內科臨床助理教授
學歷：臺北醫學院醫學系

賴聖如
現職：臺大醫院營養師
學歷：臺北醫學大學保健營養研究所進修中

〔請教醫師〕認識**腎臟病**

陳永銘醫師（臺大醫院內科部）

當腎臟出現異常

腎臟呈蠶豆狀，位於人體腹腔後方、脊椎骨兩側，左高右低。腎臟最為人熟知的作用，就是清除身體新陳代謝後所產生的廢物，隨著尿液經由輸尿管、膀胱和尿道排出體外。此外，腎臟還具有調節體液和血壓、平衡酸鹼電解質、製造紅血球生成素，以及合成活性維生素D等功能。

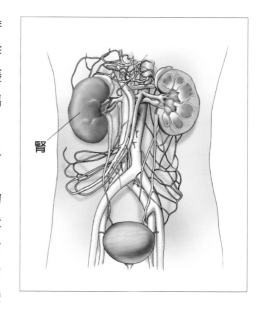

腎

當一個人的腎臟功能只剩下不到正常的10％時，就可能出現噁心、嘔吐、意識障礙、水腫、心臟衰竭、高血壓、電解質異常（如高血鉀、高血鎂、高血磷）、倦怠無力（代表貧血）、抽筋（代表低血鈣）、骨病變（因為酸血症、副甲狀腺機能亢進或維生素D缺乏）等症狀，這些都是因為失去正常腎臟功能後所衍生的諸多問題（俗稱「尿毒症」），由此也突顯出腎臟對人體健康的重要性。

腎臟病的發生原因

腎臟病可概分為「急性」和「慢性」兩大類。急性腎臟病乃腎臟裡的腎絲球、腎小管、腎間質、或腎血管，因為缺血感染、藥物、免疫等傷害，在數小時至數日間，產生腎臟功能之急遽變化。至於慢性腎臟病，則泛指腎臟功能異常超過三個月以上的情況。為什麼會有慢性腎臟病呢？根據台灣腎臟醫學會的資料，國人最常見的病因是糖尿病（據統計，大約有三分之一的洗腎病人，是由末期糖尿病腎病變所

引起，這是因為患者長期高血糖造成腎絲球逐漸硬化所致；其次是腎絲球腎炎、高血壓、腎小管間質炎（包括不當用藥、尿路阻塞）和多囊腎（屬先天遺傳性疾病）。

腎臟病的症狀

無論是什麼原因引起，腎臟病在早期都是沒有症狀的。因此，當出現以下異常時，通常都代表病情已發展一定時間，請務必立刻就醫：

- 排尿異常，如頻尿、多尿、夜尿、血尿、蛋白尿（泡沫尿）、膿尿等。
- 腰或背部出現劇痛。
- 常感到疲倦或頭痛。
- 臉色青白、皮膚沒有光澤或發黑。
- 臉部或小腿有不尋常的浮腫。
- 視力退化（很有可能是腎臟病引起的視網膜病變）。

腎臟病的診治

◆腎臟病的診斷

由於腎臟病在早期沒有症狀，所以，只有透過定期測量血壓（正常收縮壓／舒張壓低於120/80 mmHg，超過140/90 mmHg 即為高血壓）、抽血檢查（驗血糖、尿素氮和肌酸酐）、尿液檢查（看有無潛血反應、蛋白尿），才有機會早期發現。其中血清肌酸酐值在男性超過 1.3 mg/dL，女性超過 1.2 mg/dL，即可能是異常。

慢性腎臟病可依「腎絲球過濾率」（一種衡量腎功能的方式，比單獨測量血清尿素氮或肌酸酐更敏感），分為以下五個階段：

第一階段：腎絲球過濾率大於90毫升／分鐘。
第二階段：腎絲球過濾率介於60～90毫升／分鐘。
第三階段：腎絲球過濾率介於30～60毫升／分鐘。
第四階段：腎絲球過濾率介於15～30毫升／分鐘。
第五階段：腎絲球過濾率小於15毫升／分鐘。

一般來說，第一、二階段最輕微，只有尿液檢查異常（如出現潛血反應或蛋白尿）；第三階段以上，驗血常可發現血清尿素氮或肌酸酐上升，代表腎臟功能開始出現較明顯的異常，臨床上亦常伴隨高血壓或水腫。

◆腎臟病的治療

歷年來，衛生署所公布國人常見十大死因中，慢性腎臟病一直榜上有名，難怪民眾只要一聽到「腎臟病」，就馬上聯想到最嚴重的「尿毒症」或「洗腎」治療，以致常常病急亂投醫，或胡亂吃坊間成藥、偏方，結果反而延誤病情。事實上，大部分腎臟病是可以預防、治療或控制的，只要平時能多獲取正確的醫藥資訊，培養健康的飲食習慣和生活型態，就可以大大降低腎臟病上身的威脅；而不幸已罹患腎臟病的患者，只要建立正確的就醫、飲食和生活習慣，並接受專業的醫療照護，症狀也可以得到適當的控制或改善。

前面說過，腎臟病分為「急性」和「慢性」兩大類，急性腎臟病經過適當的支持性治療，如治療感染或敗血症，避免藥物傷害，維持體液和電解質恆定，其腎功能通常都可以恢復正常；相對的，慢性腎臟病代表腎臟受損是不可逆的，無法完全治癒，但目前醫界有很好的治療和控制方式，包括各種降血壓藥物、降血糖藥物、降尿蛋白藥物，以及正確的生活方式，仍可有效地阻緩病情的惡化，病人不一定非得走上「尿毒症」或「洗腎」一途。這和高血壓或糖尿病雖無法「治癒」，卻可以控制得非常穩定，是同樣的道理。

如何預防腎臟惡化

無論疾病處在哪個階段，患者都必須定期接受腎臟專科醫師的追蹤和治療。此外，自我健康管理更是不可或缺，日常生活中應培養正確的生活方式，請務必盡量做到以下的「四不一沒有」和「五控三避」。

◆四不一沒有

所謂「**四不**」：一不抽菸；二不用偏方、草藥、來路不明的藥丸，或各類廣告宣稱「健康」的食品；三不用非醫師處方之止痛藥、抗生素、利尿劑或減肥藥；四不憋尿並適量喝水（可預防腎臟發炎或結石）。

至於「**一沒有**」：則是指沒有「鮪魚肚」。也就是說，要保持理想體重和適量運動。

◆五控三避

所謂「**五控**」：一是控制血糖；二是控制血壓；三是控制蛋白尿；四是控制血脂肪；五是控制尿酸。

至於「**三避**」：一避免感冒；二避免過度疲累；三避免接受會傷害腎臟的檢查（如顯影劑）。

總而言之，平時多謹「腎」，健康才會有保障。在此建議中老年人，有高血壓、糖尿病、蛋白尿之患者，以及長期服用藥物或有家族性腎臟病之患者，每年最少做一次健康檢查，以防犯腎臟疾病於未然。

〔請教營養師〕遠離腎臟病飲食指南

賴聖如營養師（臺大醫院營養部）

為什麼要控制飲食

一般所謂的「洗腎」，即尿毒症患者藉由人工腎臟透析治療，來延長生命並提高生活品質。不過，人工腎臟雖能排除體內廢物，卻無法像真正的腎臟一樣發揮調節及內分泌的功能，因此，儘管接受透析治療後飲食的限制較為寬鬆，病人仍必須攝取足夠的蛋白質及營養素，並控制鹽分、鉀、磷的攝取，以減少透析產生的不適，並降低併發症的發生率。

洗腎患者的飲食原則

◆補充高品質的蛋白質

蛋白質在透析的過程中會流失，但若為補足而攝取過多，又可能會有高血磷問題，所以必須要有足夠但需限量的觀念。在此建議，以蛋、奶、牛肉、豬肉、雞肉、魚肉、黃豆等較優質、利用率較高的蛋白質，作為主要來源。在血液檢查中，血膽固醇在正常範圍以下者，可以選擇鐵質豐富、能補血的紅肉；反之，若有較高膽固醇者，則宜選擇含 DHA 的魚肉作為蛋白質來源。

▲ 黃豆也是較優質的蛋白質食物之一。

◆油脂的攝取要慎選

在較多的動物性蛋白質攝取之下，相對的，動物性脂肪攝取量也較高，因此烹

調用油就應該較少。一般來說，單元不飽和脂肪比率較高的橄欖油，是比較明智的選擇。而腹膜透析者由於曝露在高濃度的葡萄糖透析液之下，容易升高血中的三酸甘油脂，因此應儘量少吃甜食或油炸澱粉類的點心。

◆嚴格限制鹽分

對於洗腎患者來說，在不影響食慾下，食鹽、味精、醬油、烏醋、番茄醬、沙茶醬、味噌等調味料，以及加工食品等含鈉量較高的食品，應減少到最低使用量。烹調時，可選用新鮮食材，以及一些香味重的配料如香菜、八角、九層塔等，讓料理變得美味。

◆注意鉀和磷的控制

洗腎患者應禁高鉀食物，避免喝高湯、濃湯、麵湯、鍋底，去除炒菜的菜汁，並避免生食蔬菜或吃生魚片；水果也應有所限量，水果切塊每日控制在 2 碗以內，且不飲用果汁。

磷的控制也要留意，記得服用降磷藥物是最有效的控制方法。此外，少吃軟骨類、全穀類、核果類及優酪奶類食物，也可以避免血磷升高。

最後要補充說明一點，透析方式分為血液透析及腹膜透析，其中腹膜透析者容易有鉀離子較低的情形，因此飲食可以不必限制鉀離子攝取，但含糖甜食仍必須忌口。

▲ 含糖量高的果汁對腹膜透析者應忌口。

〔健康廚房〕 **遠離腎臟病食譜示範**

賴聖如營養師／食譜設計

泰式牛肉

牛肉富含優質蛋白質及鐵質，建議透析患者每週食用2次。

腎臟病患者易有嚴重的貧血情況，不論是否接受透析治療，牛肉中的優質蛋白質及血鐵質，均有利於腎臟病患者改善氣血症及貧血的情況。

》**材　料**

火鍋牛肉片100公克
洋蔥20公克、香菜少量

》**調味料**

檸檬汁5cc、糖2公克

》**作　法**

1. 先將火鍋牛肉片汆燙後，撈起放置冷水中。
2. 洋蔥洗淨切絲後，汆燙一下撈起備用。
3. 將牛肉片及洋蔥，加上調味料拌勻，灑上香菜即可食用。

營養分析（一人份量）

營養素	
蛋白質（公克）	10.5
脂質（公克）	7.5
醣類（公克）	3
熱量（大卡）	121.5

營養分析（一人份量）

營養素	
蛋白質（公克）	2
脂質（公克）	10
醣類（公克）	15
熱量（大卡）	158

南瓜芋泥球

食材富含寡糖及纖維質，可減少透析患者便祕的機會。

》**材　料**

紅番薯40公克、南瓜40公克、紅蘿蔔10公克
沙拉醬（美乃滋）10公克

》**作　法**

1.紅番薯、南瓜、紅蘿蔔以電鍋蒸熟後，搗成泥備用。
2.加入少許鹽巴於作法1材料中提味後，拌入沙拉醬捏成球狀。
3.小火將表皮烤至微褐色即成。

傳統的作法是使用生菜葉，但若有高血鉀的問題者，建議將生菜葉燙過以去除大半鉀離子。

傳統作法中使用油條，經改良後由過油米粉替代，主要因為米粉為低蛋白質澱粉，對患者較有益。

》材　料

A.荸薺40公克、青豆仁10公克、紅蘿蔔10公克、香菇2公克
B.雞胸肉80公克、生菜葉4片、米粉10公克
C.油10公克

》作　法

1.生菜葉先用熱水燙過備用。
2.米粉過熱油後撈起，並壓碎。
3.雞胸肉切丁，並裹上一些太白粉。
4.將A材料均燙熟後，全部剁碎。
5.用燙過後的菜葉包上米粉及A材料即可食用。

營養分析
（一人份量）

營養素	
蛋白質（公克）	4
脂質（公克）	11.5
醣類（公克）	12.5
熱量（大卡）	170

營養分析（一人份量）

營養素	
蛋白質（公克）	1
脂質（公克）	2
醣類（公克）	11
熱量（大卡）	64

跳躍旋律

貢菜口感很具嚼感，其他食材經汆燙後，已將大部分鉀離子去除。
蒟蒻又不含熱量、沒有膽固醇，在食材上屬於較好的配料，可以多加利用。

》材　料

貢菜（乾）10公克、紅蘿蔔絲20公克
蒟蒻絲30公克、黃椒絲10公克

》調味料

醬油5cc、鹽2公克
香油2公克、檸檬汁5cc

》作　法

1. 先將貢菜泡軟備用。
2. 將其他材料汆燙後取出，加入貢菜，拌入調味料，即可食用。

豬血含易吸收的血鐵質，卻具有一般肉類的飽和脂肪，對腎臟病患者可謂是補血聖品。

豬血湯

》材　料

豬血220公克、韭菜30公克
紅蔥頭3公克、油15公克

》調味料

沙茶醬酌量、醬油3cc

》作　法

1. 起油鍋後，將紅蔥頭爆香。
2. 加入豬血略炒後，倒入約400cc的水。
3. 水滾後加入韭菜及沙茶醬、醬油調味即成。

營養分析（一人份量）

營養素	
蛋白質（公克）	7
脂質（公克）	20
醣類（公克）	2
熱量（大卡）	216

紅豆牛奶蒟蒻

腎臟病患者因荷爾蒙調節下，身體內的磷離子太高時，會將骨中的鈣游離出來，長期之下，造成骨骼空洞，所以飲食必須注意含磷量。因此牛奶的營養價值對洗腎者是不可忽視的，是身體最易吸收利用的蛋白質且含多量的維生素B，但其含磷鈣都高，若需限制血磷，可選擇低磷牛奶食用。

》材 料

紅豆20公克
牛奶100cc
蒟蒻丁30公克
代糖酌量

》作 法

1. 紅豆於前一天泡水。
2. 作法1材料先以電鍋蒸20分鐘，蒸熟備用。
3. 將作法2材料加入酌量的水煮，並加入蒟蒻丁。
4. 食用時，再加上鮮奶即成。

營養分析（一人份量）

營養素	含量
蛋白質（公克）	6
脂質（公克）	2
醣類（公克）	21
熱量（大卡）	126

根據民國45～88年間所有至臺大醫院泌尿部治療過的尿路結石病患所做的回溯性研究，共有9715位患者資料納入統計。其中，罹患尿路結石的男與女比例為2.3：1，平均年齡是：47.6±0.2歲。而且，除了在民國80～84年之間沒有增加之外，由民國45～49年起以每五年做一次統計，患有尿路結石的病患數目都有逐步增加的現象。在尿路結石患者之中，腎結石患者占43.3％，輸尿管結石占34.0％，膀胱結石占19.2％，尿道結石患者占3.5％。

將臺大醫院的結石資料，和行政院農委會同一時期的國人攝取營養分的改變作統計分析，結果發現：含鈣的尿路結石（主要是草酸鈣）逐年增加，和國人逐年增加攝取動物性蛋白和脂肪有正相關，表示增加這兩種飲食成分的攝取，會增加尿路草酸鈣結石形成的機會。

個論 7

尿路結石
飲・食・處・方

諮詢專家

黃鶴翔
現職：臺大醫院泌尿部主治醫師
　　　臺大醫學院臨床助理教授
學歷：中山醫學院醫學系畢業
　　　臺大醫學院生理研究所博士畢業
　　　美國加州大學爾灣分校附設醫學中心
　　　泌尿科臨床研究員

黃素華
現職：臺大醫院營養師
學歷：臺北醫學大學保健營養研究所碩士

〔請教醫師〕 認識**尿路結石**

黃鶴翔醫師（臺大醫院泌尿部）

何謂尿路結石

　　所謂「尿路結石」，簡單來說就是泌尿系統內有石頭存在。這些石頭是由排泄於尿液中的結晶物質，在泌尿道內沉澱而形成。

　　台灣地區所發生的尿路結石，主要以「草酸鈣」或「草酸鈣──磷酸鈣」混合結石居多，另外還有尿酸結石、胱胺酸結石、磷酸銨鎂結石等。尿路結石可發生在人體的腎臟、輸尿管、膀胱與尿道，其中以腎結石最常見，如果腎臟內的結石塞滿整個集尿系統，就稱為「鹿角結石」。

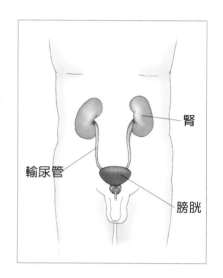

腎

輸尿管

膀胱

　　結石成分的分析顯示：含鈣的結石最多（87.3%），且其所占比例有逐年增加的趨勢；次多的是含磷酸質的結石（71.8%）；而尿酸結石只占7.5%。

尿路結石的症狀

◆疼痛噁心

　　間歇性或慢性腰部鈍痛、悶痛或腎絞痛，是患者最常見的症狀，而且常合併噁心、嘔吐、坐立不安等不適。

◆排尿異常

　　患者會有尿中帶血（血尿），或尿急、排尿不暢的情形，而且經常伴隨腎絞痛。

◆尿路感染

結石造成尿路阻塞時，會使某些泌尿器官出現發炎現象。

尿路結石的發生原因

◆尿路結石病因的理論基礎

- **超飽和（Supersaturation）／結晶化（Crystallization）原理**：尿量減少，使尿液中某種結石成分濃縮，造成結晶質的沈澱。
- **基質獻合（Matrix initiation）原理**：有人認為結石中都含有基質（有些人稱之為母質），成分來自腎臟本身掉落的細胞，或是尿液中的蛋白質或是碳水化合物。他被認為會促進尿中結晶物質的黏著且阻止結晶的溶解。
- **缺乏抑制因素（inhibitor lack）原理**：Elliot 提出在結石患者或正常人身上，尿液中草酸鈣溶解度並沒有顯著差異，只有結石患者尿中所排泄的鈣離子和草酸鹽比正常人多（Robertson and Peacock, 1972）。
- **正趨化（Epitaxy）原理**：若結晶形式或離子的 lattice 均是規則的兩結晶，雖組成成分不同，亦可互相增長於其上，例如草酸鈣和尿酸結晶有類似的架構，互相增長，此稱之為「正趨化」。
- **綜合以上原理而形成結石。**

認識雌激素與尿道結石的關係

黃素華營養師（臺大醫院營養部）

　　Heller 等學者回顧了 1,454 位患有草酸鈣結石的成年人，並比較其中停經後的婦女有使用雌激素與沒有使用雌激素兩組，結果發現，女性尿中草酸鈣飽和情形及非游離尿酸排泄量均低於男性。

　　此研究也觀察到，這些人在食用適量限鹽、鈣、草酸及動物性蛋白質一星期後，使用雌激素者的 24 小時尿中鈣濃度，低於沒有使用雌激素者；同時，在禁食兩小時後，草酸鈣飽和情形亦具有同樣的結果。結論顯示，雌激素在停經後的婦女身上，不但扮演降低尿中鈣濃度的要角，也能降低尿中草酸鈣飽和所造成的復發性結石情形，這是停經後婦女們值得深思的問題。

◆生活環境的影響

- **人種**：例如白種人較非裔易罹患尿路結石。
- **遺傳**：有尿路結石家族史的人，罹病機率比常人高。
- **季節氣候**：夏天發病率較高。
- **地理環境**：地球上不同的緯度，或是地理位置不同都會影響結石的發生機率和結石的成分。例如英國和台灣都是草酸鈣結石較多，而以色列則是尿酸結石多。
- **性別**：男性較女性多，其比例大約是 2～3：1。
- **年齡**：好發於 30～50 歲間，兒童及老人較少見。
- **職業與生活形態**：缺乏運動、暴飲暴食、工作費腦力的人較易罹病。

◆個人的生理因素

- **泌尿系統異常**：喝水很少或泌尿系統有問題的人，排尿量也隨之減少，這會使尿液中某種結石成分濃縮。此外，尿液滯留易引起尿路感染，而當尿路感染時，某些細菌會將尿素分解形成結石。
- **代謝失調**：某些身體疾病會導致結石產生，例如副甲狀腺機能亢進。
- **飲食失衡**：高普林、高蛋白質飲食，較容易引起尿酸結石。
- **藥物**：利尿劑、阿斯匹靈、抗痛風藥物（促進尿酸排泄的藥）等服用過多，也會引發結石。
- **手術或外傷**：可能造成尿路狹窄，導致結石產生。

尿路結石的診治

◆尿路結石的診斷

　　診斷尿路結石，除詢問詳細的症狀、病史及有無家族史外，尿液及血液檢查也是必需的。如果有必要，醫師會安排腹部 X 光檢查、靜脈腎盂攝影或超音波檢查。

◆尿路結石的治療

保守療法

如果是泌尿道感染引起結石，且結石體積很小，可採用保守療法。首先，是攝取充足的水分及服用適當的抗生素來控制感染，病人如果有絞痛症狀，醫師也會給予止痛劑。此外，調整飲食也很重要，詳情請參見下節。

外科療法

尿道結石的外科治療，會因結石位置或成分不同，有下列幾種治療方式：

● **經皮腎臟截石術**：這是一種新的治療方式，作法是先經過表皮打一個洞到腎臟，再伸入內視鏡進腎臟，取出結石。

● **體外震波碎石術**：利用精密儀器在人體外產生震波，將腎臟或輸尿管上段的結石震碎為砂狀或小顆粒，然後隨尿液排出體外。

● **輸尿管鏡取石、碎石術**：找到輸尿口，放入輸尿管鏡，見到輸尿管內的結石，便可用結石網套住結石取出；或是運用氣動式碎石術，將結石安全擊碎。

● **膀胱鏡取石、碎石術**：作法同輸尿管鏡，是利用膀胱鏡來移除或擊碎膀胱結石。

● **傳統的開刀手術**：對於較大的結石（例如完全型的鹿角結石）、腎盂結石，或是使用體外震波碎石術、輸尿管鏡取石術均失敗的結石，或是合併有其他泌尿系統問題者，可採用此法處理結石。

如何預防尿路結石

◆預防結石的一般原則

尿路結石是一種復發率極高的疾病，其復發率一年為15%，四年為50%，九年為65%。其一再復發的原因，除了原發性副甲狀腺機能亢進，還與飲食有很大關連，因此預防之道相當重要。以下，就是預防結石的一般原則：

● 多喝水，保持足夠的尿量，至少每天能有2500 cc以上的尿。

● 不要吃得太鹹，並多吃含有鉀離子的蔬果，以減少尿中鈣的排泄，使尿液呈鹼性，增加檸檬酸的排泄。

● 動物性蛋白質攝取過多，結石的可能性會增加 33 倍，因此應限制食用。

● 大量的維生素 C 會代謝成草酸，所以服用大量的維生素 C 可能會增加結石的機會。然而，維生素 B_6 則會減少草酸鹽的生成，進而降低結石復發的機會，所以有些醫師會在處方中加入維生素 B_6。

● 不要吃太多高草酸的蔬菜（如菠菜），且絕對不能和富含鈣質的食材（如豆腐）一起烹調。

● 以 4 盎司（112 公克）的檸檬汁加上 2 公升的水稀釋成檸檬水，作為日常飲用水，可以增加尿中檸檬酸的量，減少高尿鈣。

● 增加活動量，且運動後應補充飲水。

〔請教營養師〕 **遠離尿路結石飲食指南**

黃素華營養師（臺大醫院營養部）

尿路結石與飲食的關係

尿路結石是泌尿系統最常見的疾病之一，為腎臟結石（一般簡稱「腎結石」）、輸尿管結石、膀胱結石和尿道結石之總稱，其中以腎結石最為常見，工業國家中約有1～5%的人有腎結石的問題。

尿路結石發生的原因很複雜，學者們認為與食物、飲水、季節、運動、年齡、性別、遺傳、藥物、代謝異常及尿路感染等因素有關，且男性發生的比例高於女性。

其中，在預防結石復發上，飲食調整是很重要的。由於大部分的結石與含鈣量高有關，少部分則與含鈣量低或不含鈣的尿酸石或胱胺酸石有關，因此有人建議採行「低鈣飲食」，以減少尿中鈣的排泄，降低腎結石發生。不過，Curhan等人研究認為，高鈣飲食與降低腎結石發生有很強的關係；此後也有學者認為，過於嚴苛限制鈣質的攝取，對於復發性腎結石患者是不恰當的，且低鈣飲食可能具有潛在性危險，特別是老年人（不論是男女性）可能會發生骨質疏鬆症。

因此，要預防結石的發生，低鈣飲食並非絕對，而是必須先請醫師診斷，看自己是屬於哪一類的結晶石再決定。畢竟，鈣結石（草酸鈣結石、磷酸鈣結石或混和結石）、尿酸結石、胱胺酸結石、磷酸銨鎂結石或感染性結石患者，都有不同的飲食法則，大家無須一昧限制鈣質攝取，而是視結石的成因來做飲食改善。舉例來說，尿酸結石患者，應採低普林飲食及鹼性灰飲食；胱胺酸結石為遺傳性代謝異常，患者應採低甲硫胺酸飲食及鹼性灰飲食；磷酸銨鎂結石多屬泌尿道感染，不需做飲食治療（其他結石患者的飲食原則，可請參見本書第131頁「不同結石患者的保養之道」）。

怎樣吃最健康

一般來說，預防結石發生的飲食原則如下：

● 每日飲水量3000～4000cc，夏季時更要注意水分的流失及飲水品質。

● 飲食中適量攝取鈣質，衛生署對成年人的建議量為每天1000～1200毫克。

● 避免攝取過多的維生素C，特別是經常服用高單位維生素C者宜注意。

● 適量食用肉類，因肉類中含磷量較鈣質多，其他含磷高的食物尚有：奶類製品，花生醬、酵母（健素糖）、動物內臟類、乾豆類、堅果類、全穀類、蛋黃、碳酸飲料、巧克力等，若有磷酸鈣結石傾向者應注意。

● 增加膳食纖維的攝取量，如此不但可幫助預防結石發生，還具有排除宿便的功能，減少廢物堆積，降低對人體有害物質接觸的機會；不過，有草酸鈣結石傾向者，應注意避開高草酸的蔬菜（例如菠菜、扁豆、韭菜、番茄、甜菜、秋葵、甘薯、萵苣、芹菜、蘿蔔、蘆筍等）。

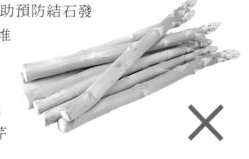

● 避免攝取鹽分高的食物，以降低尿鈣分泌的機會。

尿路結石患者常見飲食控制

低甲硫胺酸飲食	由於所有含蛋白質的食物中皆有甲硫胺酸（從0.3～5％不等），因此只要採取低蛋白質飲食，即可降低甲硫胺酸的攝取量；不過，最好需額外補充維生素 B_6。
鹼性灰飲食	奶類及其製品、核果類、蔬菜類（除了扁豆以外）以及水果類（除了小紅莓、梅、李等以外），均屬於鹼性食物。
低普林飲食	飲食中肉類應避免攝取內臟類、鯊魚、草蝦、沙丁魚、白帶魚、白鯧魚、吳郭魚等，黃豆及其發芽豆類亦應避免。至於蔬菜類，則應避開豆苗、蘆筍、紫菜、香菇等。另外，其他食物如高湯、肉湯、雞精、酵母粉等亦含多量普林，應避免攝取。

醫師的小叮嚀

不同結石患者的保養之道　　黃鶴翔醫師（臺大醫院泌尿部）

草酸鈣結石患者

❶ 降低草酸的攝取：少喝茶、紅茶、咖啡、可樂、啤酒和小紅莓汁，並少吃甘薯、扁豆及菠菜、韭菜、萵苣菜、甜菜、秋葵、芹菜、蘿蔔、蘆筍、番茄、椰子、柑橘、葡萄等蔬果。

❷ 降低鈣質的攝取：避免攝取過多維生素D，並限制富含鈣質的食物，如牛奶、優酪乳、起司、乳酪蛋糕和冰淇淋。

❸ 避免飲用硬水；飲食少鹽。

磷酸鈣結石患者

❶ 避開高磷食物：酵母、小麥胚芽、香菇、全穀類、麥片、內臟、蛋黃、牛奶、豆類、堅果類、可可粉、巧克力、果汁粉均應減少食用。

❷ 降低鈣質的攝取：避免攝取過多維生素D，並限制富含鈣質的食物，如牛奶、優酪乳、起司、乳酪蛋糕和冰淇淋。

❸ 避免飲用硬水；飲食少鹽。

尿酸結石患者

❶ 多喝水，保持每天 2500 cc 以上的尿量。

❷ 限制肉類的攝取，禁止吃動物內臟，少吃海水魚及豆類。

❸ 避免強烈的酒精飲料，以及會引起酸性尿的飲料，例如可樂或啤酒。

❹ 藥物治療：減少尿酸排泄，鹼化尿液，以提高尿酸的溶解度（pH = 6.5～7.0）。

❺ 鹼性飲食：牛奶、鮭魚、牛肉、海帶、海藻、豆莢、綠色蔬菜和大多數水果，都是鹼性食物，可以多吃。

感染性結石患者

❶ 先決條件是將感染性結石拿乾淨，否則容易復發。

❷ 酸性飲食：與尿酸結石患者相反，感染性結石患者應多吃酸性食物如穀類、玉米、南瓜、蛋白、魚、蘆筍、番茄、橄欖、葡萄、西瓜、李子和小紅莓等。

〔健康廚房〕 **遠離尿路結石食譜示範**

黃素華營養師／食譜設計

日本壽司

傳統壽司外皮常使用紫菜捲，爲降低普林及低草酸的攝取量，可用蛋類做成外皮來取代紫菜。

》**材　料**

壽司米 160 公克、小黃瓜 1 條
肉鬆 2 湯匙、蛋 2 個
醃蘿蔔 1 條

》**調味料**

醋 1 茶匙

》**作　法**

1. 蛋打散，煎成圓形薄片蛋皮備用，小黃瓜及醃蘿蔔切成長條狀備用。
2. 壽司米蒸熟成飯，趁熱時加入醋拌勻。
3. 蛋皮平放，壽司飯鋪上約 0.5 公分高，將材料一一排放整齊，將蛋皮及材料一起捲成圓柱狀，切約 1.5 公分寬即成。

營養分析（一人份量）

營養素	
蛋白質（公克）	10
脂質（公克）	4
醣類（公克）	34
熱量（大卡）	215

泰式涼拌雞

維生素C攝取過多時可能形成過量草酸，學者建議有草酸鈣結石者，每天維生素C限制攝取2公克（2000毫克）以下，高單位之維生素C如1000毫克，宜注意不應作為日常的營養補充劑。

》 材　料

雞肉120公克、小番茄60公克
洋蔥40公克、小黃瓜60公克
蒜片1湯匙、蔥數段
辣椒少許、香菜少許

》 調味料

鹽1/2茶匙
魚露1茶匙、糖1茶匙
醋2湯匙、太白粉水少許
檸檬汁1湯匙

》 作　法

1.小番茄、洋蔥、小黃瓜等切片備用，雞肉切片氽燙過撈起備用。
2.將所有材料放入鍋碗內，淋入調味料拌勻，盛盤即成。

營養分析（一人份量）	
營養素	
蛋白質（公克）	7
脂質（公克）	3
醣類（公克）	3
熱量（大卡）	69

山藥捲

要預防尿路結石的發生，每日飲食也應攝取足夠的鈣質。衛生署對成年人的建議量為每天1000～1200毫克，主要預防骨質疏鬆症的發生，所以飲食中也應攝取足夠的鈣質。含高鈣的食物，如黑芝麻、豆干丁或金鈎蝦等，建議可適量食用，千萬勿顧此而失彼。

》材　料

小黃瓜1條、山藥（紫色）140公克、紅蘿蔔1條、芹菜末2湯匙
油蔥1茶匙、河粉2張、黑芝麻1茶匙、豆干丁45公克

》調味料

沙拉油2茶匙、鹽適量1/2茶匙
醬油1/2茶匙

》作　法

1. 山藥蒸熟搗泥備用；紅蘿蔔燙熟與小黃瓜切成長條狀備用。
2. 起油鍋油蔥爆香，放入芹菜及豆干丁快炒並調味，盛起備用。
3. 河粉放平，鋪上山藥泥及所有材料排放整齊，灑上黑芝麻後，捲成圓柱形，切斜段即成。

營養分析（一人份量）

營養素	
蛋白質（公克）	4.3
脂質（公克）	6
醣類（公克）	18
熱量（大卡）	140

什錦沙拉

食物宜清淡口味,避免攝取高鹽食物,飲食中若降低鹽分的攝取可降低尿鈣增加的危險性。

》**材 料**

生菜萵苣 100 公克
小洋蔥 50 公克、紫高麗菜 50 公克

》**調味料**

橄欖油 1 湯匙、鹽適量 1/2 茶匙
紅葡萄酒醋 1 湯匙

》**作 法**

1. 生菜萵苣及紫高麗菜洗淨撕成小碎片備用。
2. 小洋蔥切片備用。
3. 將所有材料放入碗內,加入調味料拌勻即成。

營養分析（一人份量）	
營養素	
蛋白質（公克）	0.5
脂質（公克）	4
醣類（公克）	2.5
熱量（大卡）	46

營養素	
蛋白質（公克）	0.2
脂質（公克）	-
醣類（公克）	1.2
熱量（大卡）	6

竹笙筍片湯

每日飲水量約需3000～4000毫升，可自飲料、湯、水果、粥、麵等食物中獲得一部分，並於運動後或夏季時應補充水分的流失，同時應避免飲用硬水。

》材 料

竹笙（乾）10公克、麻竹筍100公克
髮菜3公克、薑絲1湯匙

》調味料

鹽1/2茶匙

》作 法

1. 竹笙泡水洗淨切段，麻竹筍切片備用。
2. 燒開水放入所有的材料，煮熟後加入調味料即成。

營養分析 （一人份量）	●	
	營養素	
3.7	蛋白質	（公克）
3.1	脂質	（公克）
1	醣類	（公克）
48.5	熱量	（大卡）

水晶雞肉凍

動物性肉類的種類包括：雞、鴨、豬、魚、牛等，含磷量較鈣質多，為預防磷酸鈣結石，每日肉類的攝取量建議小於三兩肉。

》材　料

吉利丁粉1湯匙、素雞100公克
冷凍豌豆仁20公克、素火腿20公克
金茸20公克、水2杯

》調味料

鹽1/2匙、紹興酒1茶匙
香油1/2茶匙

》作　法

1. 素雞、素火腿及金茸等切丁備用。
2. 吉利丁粉與水混勻置入鍋內，加入所有材料及調味料，湯汁燒開後，倒入小圓形鋁薄盒。
3. 待涼，置入冰箱結凍後即可食用。

常見的攝護腺疾病，包括攝護腺炎、良性攝護腺增生和攝護腺癌。攝護腺炎泛指攝護腺的發炎狀態，統計起來約有2～10％的男性有這方面困擾，且好發於25～50歲時。良性攝護腺增生則好發於中、老年男性（四、五十歲左右），乃因攝護腺隨年齡增長，且受飲食、荷爾蒙等影響，而使腺體發生增生現象。此病雖會引起排尿症狀，但多不至造成嚴重的併發症，或直接威脅到患者的生命。

相對來說，攝護腺癌就嚴重多了。雖然台灣地區攝護腺癌的發生率遠較西方國家為低，但這幾年來，其發生率與死亡率均明顯地逐年增加。至民國93年，攝護腺癌的死亡率，已躍升至國人男性十大癌症死因的第七位。由於攝護腺癌的好發年齡在65～75歲之間，早期通常沒有症狀，因此年紀大的男性一定要定期做攝護腺的健康檢查，及早做防範。

個論 **8**

攝護腺疾病
飲・食・處・方

諮詢專家

劉詩彬
現職：臺大醫院泌尿部主治醫師
　　　臺大醫學院泌尿科助理教授
學歷：臺灣大學醫學系

郭月霞
現職：臺大醫院營養師
學歷：臺北醫學大學保健營養研究所碩士

〔請教醫師〕 # 認識攝護腺疾病

劉詩彬醫師（臺大醫院泌尿部）

何謂攝護腺

攝護腺又稱為「前列腺」，位於恥骨後方、直腸前方及膀胱下方，屬男性生殖系統的一個構造。在攝護腺中間，有尿道和左右各一的射精管穿過。

男性到了青春期時，腦下垂體激素會刺激睪丸成長並分泌大量睪丸酮，在睪丸酮的刺激下，攝護腺開始長大，到了 20 歲左右，攝護腺會長到如同栗子般大小，重量約 15 ～ 20 公克。

攝護腺是一種腺體，會分泌出攝護腺液。攝護腺液呈稀薄乳狀液，約占每次射出精液總體積

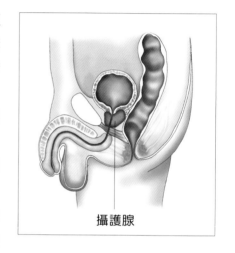

攝護腺

的 25 ～ 30％。一般認為，攝護腺液可能具有提供精子活動養分的功能，並建立鹼性的環境，以利精子在女性體內活動，並保護泌尿生殖道免受感染。

攝護腺疾病的種類與成因

常見攝護腺疾病，包括攝護腺炎、良性攝護腺增生及攝護腺癌，分述如下：

◆攝護腺炎

攝護腺炎： 是一個統稱，泛指攝護腺的發炎狀態。統計起來，約有 2 ～ 10％ 的男性具有這方面困擾，且好發於 25 ～ 50 歲時。以往攝護腺炎被細分為急性細菌性攝護腺炎、慢性細菌性攝護腺炎、慢性非細菌性攝護腺炎及攝護腺痛。1995 年以後，美國國家健康機構建議重新分類攝護腺炎為：急性細菌性攝護腺炎（一般簡

稱為「急性攝護腺炎」）；慢性細菌性攝護腺炎；慢性非細菌性攝護腺炎／攝護腺痛（又稱為「慢性攝護腺炎及慢性骨盆腔疼痛症候群」）；無症狀性攝護腺炎。

急性攝護腺炎：多由細菌感染引起，尤以慢性尿道膀胱炎患者，及接受過經直腸攝護腺切片檢查的病人，發病率較高。患者的症狀包括發高燒、畏寒、頻尿、解尿疼痛、會陰疼痛及下腹部疼痛等，嚴重時甚至會造成敗血症。

慢性細菌性攝護腺炎：最常見的病原體為大腸桿菌，另外腸道菌屬、克萊勃士桿菌屬、綠膿桿菌、變形桿菌屬等也會引起。患者會有下泌尿道症狀，以及尿道痛、射精疼痛、睪丸痛、會陰疼痛、肛門口痛等。

慢性攝護腺炎及慢性骨盆腔疼痛症候群：是攝護腺炎中最常見的，也是最不易治癒且復發率高的。其症狀類似慢性細菌性攝護腺炎，但屬於發炎反應而非細菌感染，且無法由細菌培養中分離出細菌來。另有學者認為，它可能是由一些難以培養的細菌（如厭氧菌、披衣菌、黴漿菌等）、黴菌或病毒所引起。

◆ 良性攝護腺增生

良性攝護腺增生或稱之為「良性攝護腺肥大」，是好發於中、老年男性的一種疾病。隨著年紀的增長（四、五十歲左右），以及荷爾蒙、生長因子等刺激，攝護腺內尿道附近的腺體會出現增生現象，這就是所謂的良性攝護腺增生。此外，飲食和種族因素，也會影響良性攝護腺增生的發生。

當攝護腺內的細胞增生逐漸明顯，使得整個體積變大時，便可能壓迫到尿道使之變得又長又狹，尿道內的壓力因阻塞而增加，患者便可能出現急尿、頻尿、夜尿、尿速變慢、尿流中斷、有殘尿感、尿失禁甚至尿瀦留（即小便完全解不出來）等所謂的「下泌尿道症狀」。雖然，這些症狀多不至於造成嚴重的併發症，或直接威脅到患者的生命，但仍可能因妨礙到患者的日常生活、工作與睡眠，而使生活品質大受影響。

◆ 攝護腺癌

攝護腺癌的好發年齡在 65 ～ 75 歲之間。近幾年來，攝護腺癌發生率與死亡率均明顯地逐年增加，至 2003 年攝護腺癌的死亡率，已躍升至國人男性癌症死亡十大疾病的第七位。

早期的攝護腺癌通常沒有症狀，一旦腫瘤侵犯或阻塞尿道、膀胱頸時，則會發生下泌尿道症狀如急尿、頻尿、夜尿、尿速變慢、尿流中斷、殘尿感等，嚴重者則可能出現急性尿滯留、血尿、尿失禁。攝護腺癌發生骨頭轉移時，則會引起骨骼疼痛、病理性骨折、貧血、腫瘤壓迫脊髓導致下肢癱瘓。

攝護腺疾病的診治

◆攝護腺炎

急性攝護腺炎多由於細菌感染而引起，治療方法包括靜脈注射抗生素、水分補充及症狀治療，出院後必須服用抗生素 2～3 星期。慢性細菌性攝護腺炎的治療方法，則為口服抗生素 4～8 星期和症狀治療。

至於慢性攝護腺炎及慢性骨盆腔疼痛症候群，治療先不使用抗生素，只需接受症狀治療（如 α 腎上腺素受體阻斷劑，及 5 α 還原酵素抑制劑的使用，或施以非類固醇類消炎藥及肌肉鬆弛劑等）和注意生活調適即可。

◆良性攝護腺增生

目前治療良性攝護腺增生的方法，大體上可以分成四大類：觀察性等待；藥物治療；微侵犯性治療；手術治療。

觀察性等待：當病人的生活品質並未明顯受排尿症狀影響，又排除了已因良性攝護腺增生而發生任何併發症，則不需接受治療，只要定期觀察性等待即可。反之，當病人的排尿症狀，已經明顯影響到其生活品質時，醫師便應和病人詳細討論各種治療法的優缺點，讓病人選擇適合自己的治療方法。

藥物治療：目前藥物治療良性攝護腺增生的方式有三，包括「單獨使用 α 腎上腺素受體阻斷劑」、「單獨使用 5-α 還原酵素抑制劑」，以及「合併使用上述兩類藥物」。

α 腎上腺素受體阻斷劑（常用者有 terazosin, doxazosin, alfuzosin 及 tamsulosin）的使用有助於降低尿道內壓力；5 α 還原酵素抑制劑（常用者有 finasteride 及 dutasteride）則可使攝護腺和腺體細胞不再增生，甚至開始萎縮。同時服用這兩種藥物，對於一些攝護腺體積明顯增大者，其療效比起個別使用更好。

微侵犯性治療：近幾年來，一些用於治療良性攝護腺肥大的微侵犯性治療被

發展出來。這些方法包括使用雷射、微波、無線電波等能量來加溫或燒灼攝護腺，以去除肥大的攝護腺施加於尿道的壓力，來改善患者的症狀。其療效及安全性，介於藥物治療與手術治療之間。

　　手術治療：當病患出現下列情況如藥物治療無效、尿瀦留、多次尿路感染、發生膀胱結石、發生膀胱憩室、因良性攝護腺肥大而發生目視血尿等時，便得考慮接受手術治療（即攝護腺切除術）。

　　手術治療的療效，遠較藥物治療更好。但相對地，產生一些較嚴重的副作用（如尿失禁、出血、尿路感染、性功能障礙等）機率也比較大。

◆攝護腺癌

　　目前篩檢與早期診斷出攝護腺癌的方法中，只有兩種較具成效，一是「直腸指診」，二是「檢測血清中的攝護腺特異抗原（prostate specific antigen，簡稱 PSA）濃度」。一般來說，這兩種檢查其中任一項結果不正常時，都應考慮讓病患接受經直腸超音波引導切片檢查。一旦發現攝護腺癌的存在，便須進行分級和分期工作。

　　攝護腺癌的分級，最常被使用的是「格里森分級系統」。此系統是根據顯微鏡低倍放大所觀察到的腫瘤組織標本，依腺體排列方式來定出 2～10 的分數。分數愈高腫瘤分化愈差，惡性度愈高病人的預後也愈差。

　　目前最為大家接受的攝護腺癌分期系統為 TNM system，分為 T1 至 T4 四期及有無侵犯淋巴結和其他器官。

- T1 期是臨床上因手術或切片而發現癌病變者。
- T2 期腫瘤侷限在攝護腺之內。
- T3 期腫瘤已侵犯到攝護腺莢膜。
- T4 期腫瘤已侵犯到鄰近的器官。
- N+ 代表已有淋巴腺的轉移；M+ 代表已轉移到遠端器官。

　　攝護腺癌在經過分期工作後，大概可區分成「侷限性的攝護腺癌」和「非侷限性的攝護腺癌」兩大類。侷限性的攝護腺癌，經由根除性攝護腺切除手術或放射治療，都能達到相當高的治癒率；而非侷限性的攝護腺癌，就只能靠荷爾蒙治療和化學治療，來得到加以控制的目標。近年來，由於醫學進步，經由早期診斷及各種有效的治療方法，攝護腺癌的五年存活率已可達 70% 左右。

如何保養攝護腺

◆一般保養原則

除了上述醫藥手術治療外，治療攝護腺疾患的另一個選擇，就是生活方式的改變，以及養成良好的飲食習慣。

在生活調適方面，最好能做到作息規律（不要熬夜或過度疲勞，適度運動，保持大便暢通等）；在飲食方面，則應少飲用含有酒精和咖啡因的飲料、避開辛辣刺激性的食物（如沙茶、芥茉、辣椒等）。

此外，泡熱水浴、適度舒緩緊張情緒、避免久坐、避免長時間騎腳踏車，以及進行適度的性生活等，對攝護腺的保養都有所助益。

◆良性攝護腺增生保養原則

針對良性攝護腺增生，醫師會提出一些生活和飲食方面的建議，幫助患者減緩良性攝護腺增生的進行，進而改善症狀，並避免出現急性尿滯留等情形。

除了前述的一般保養原則外，多運動、控制體重、避開高膽固醇及高油脂食物、多吃水果也很重要。此外，良性攝護腺增生患者睡前應少喝水，也不要憋尿過久、不要久坐，服用感冒藥物等亦需小心。

▲ 避免辛辣刺激的食物，才能有效保養攝護腺。

◆攝護腺癌保養原則

攝護腺癌的發生，除了與遺傳因素、荷爾蒙因素、環境因素及微生物／病毒感染因素有關外，生活習慣和日常飲食也可能有關。因此，建議中老年男性要限制飲食的熱量，並且多運動來控制體重。少攝取脂肪，多吃些含豐富膳食纖維的食物，多攝取維生素C、D及E，多吃大豆製品，多吃番茄製成的飲料及食物，都有助攝護腺癌的預防及減緩疾病復發或進展。

〔請教營養師〕 **遠離攝護腺疾病飲食指南**

郭月霞營養師（臺大醫院營養部）

攝護腺疾病與飲食的關係

男性攝護腺肥大的問題，不但會影響生活品質，更可能帶來攝護腺癌的隱憂。目前，醫學界致力於研究攝護腺疾病的預防及治療，已有許多成績，其中，不少訊息落在每日可得的飲食因子上。根據科學報導，75%的攝護腺癌，是可以經由改變飲食及生活方式加以預防的。

飲食在攝護腺疾病所扮演的角色相當重要，以下為三大飲食關鍵：

◆高脂肪飲食：產生病變加成作用

美國癌病學會一份75萬人調查報告顯示，肥胖會增加攝護腺癌的機會，過多脂肪會刺激荷爾蒙過量分泌，進而增加攝護腺病變的機率，高脂肪飲食對攝護腺癌的形成也似有加成作用。

雖然此項研究，目前仍未得到所有研究者一致認同，仍有待更深、更精確的研究來驗證。但可確定的是，台灣漸趨西式的生活飲食與環境，確實對攝護腺病變增加有一定程度的影響。

◆低纖維飲食：增加病變危險性

食物中的膳食纖維，能夠幫助排除體內的荷爾蒙及脂肪。當肝細胞將體內毒物、膽固醇、藥物及不要的荷爾蒙，經由膽汁管送進腸道，腸道中的纖維就會吸入並混和這些不要的物質，與糞便一同排出。

因此，如果膳食纖維攝取不足，這些毒物、膽固醇、藥物及不要的荷爾蒙，就會無法排出而被再吸收，從而增加病變的危險性。

◆抗氧化劑不足：加速老化疾病步調

人體內原本有良好的抗氧化保護功能，當我們因不良飲食、壓力、環境污染等因素，而使此功能逐漸退化時，就是老化或身體出現問題的時候，例如罹患攝護腺癌。因此，要延緩老化速度、避免疾病提早纏身，一定要多攝取富含抗氧化劑的食材。

怎樣吃最健康

◆減少飲食中的脂肪──拒絕紅肉

像小牛肉、牛肉、豬肉、羊肉等紅肉，即使將肉眼可見的脂肪除去，其肌肉纖維中仍隱藏著脂肪。因此，請考慮減少飲食中的紅肉吧！如果可以完全放棄更好！如果有人告訴你，必須攝取紅肉以補充鐵質，請不用擔心，大部分綜合維生素都含有足夠的鐵質，所以大可以放心地完全不吃紅肉。

▲ 減少飲食中的脂肪，因此應減少食用紅肉。

◆遠離咖啡因、辛辣食物與酒精

不要在短時間內大量飲酒，或喝入大量水分，以免膀胱過度快速脹大，反而收縮力變差，而解不出尿來。以上三種刺激性食物，對於男性的影響雖然是因人而異，但為了健康理由最好還是遠離。

◆多吃豆類與蔬果

攝護腺肥大，是男性荷爾蒙去氫睪丸酮，刺激攝護腺組織生長的正常老化反應。不但如此，年紀較大時，男性體內的女性荷爾蒙也會逐漸增加，同樣扮演刺激

▲ 多吃黃豆製品，可抑制攝護腺組織增生。

攝護腺組織生長的作用。

　　因此，飲食中若含有抑制去氫睪丸酮生成時所需的 $5\text{-}\alpha$ 還原酵素抑制劑，就可以抑制攝護腺組織增生，對攝護腺疾病預防提供助益，而這類食物多存在於黃豆及其製品（例如豆漿）和生鮮蔬果中。況且，這些食物又含有多量的異黃酮（植物性荷爾蒙）和黃酮類，可和女性荷爾蒙競爭接受體，減少女性荷爾蒙對攝護腺的刺激。

◆多從食物中攝取抗氧化劑

　　哈佛大學研究顯示：番茄中含有預防攝護腺癌的因子。其實不只是番茄及番茄製品，只要是含有茄紅素的食物，例如紅甜椒、紅西瓜、紅葡萄柚、紅柿、木瓜、葡萄、櫻桃等，都是預防攝護腺疾病的好食材。

　　天然食物中的抗氧化劑，除了茄紅素外，還包括維生素 A、C、D、E 與 β 胡蘿蔔素，多攝取含有這些成分的食物也很重要。

　　此外，礦物質鋅與微量元素硒，對攝護腺亦有保護作用，不妨於飲食中注意攝取（富含鋅的食物有全穀類、堅果類、海鮮、蛋等，富含硒的食物有全穀類、芝麻、鮪魚、綠花椰菜、香菇、大蒜、洋蔥、紅葡萄等）。

　　總之，基於不同蔬果中所含的抗氧化劑，對人體的作用及效果不盡相同，因此醫學專家建議，每日應食用多種蔬果（至少五蔬果），以達到全身健康的目的。

〔健康廚房〕遠離攝護腺疾病食譜示範

郭月霞 營養師／食譜設計

黃金飯

咖哩含有薑黃色素（curcumin），能夠抑制培養中的癌細胞，亦可增加食物美味。

》材 料

薏仁1杯、綠豆仁2/5杯、紅椒1/2個
乾海帶芽1湯匙、薑末2茶匙
松子2茶匙

》調味料

咖哩粉2茶匙

》作 法

1. 薏仁、綠豆仁先泡過夜，加水蒸熟。乾海帶芽以熱開水泡2分鐘。紅椒去籽切小丁。
2. 松子以乾火烤過備用。
3. 薑末、松子、咖哩粉與上述材料混合即成。

營養分析（一人份量）

營養素	
蛋白質（公克）	7
脂質（公克）	3
醣類（公克）	80
熱量（大卡）	375

營養分析（一人份量）

營養素	
蛋白質（公克）	7
脂質（公克）	7
醣類（公克）	2
熱量（大卡）	99

甜椒肉餅

甜椒（黃、紅、綠、橘）富含維他命 C、β 胡蘿蔔素，對預防動脈粥狀硬化及癌症有療效。

》材　料

大紅甜椒 1 個、大黃甜椒 1 個
豬絞肉 140 公克
蛋 1/2 個
蔥少許、嫩薑少許
起司絲少許

》調味料

鹽 1 茶匙

》作　法

1. 將全部甜椒橫切成 1 公分寬度的圓圈狀，去籽，在內側表面抹上少許太白粉。
2. 蔥、嫩薑分別切細末，備用。
3. 將絞肉與蛋、蔥末、嫩薑末及所有調味料一起拌勻備用。
4. 甜椒圈填入絞肉，以烤箱 180℃ 烤 20 分鐘烤熟即成。

白腐紅鮭

豆腐含異黃酮、植物雌激素等一些植物性化學物質，有助於捕捉自由基，具抗氧化的特性，可防止過氧化脂質的生成，延緩老化的發生。

》材　料

紅鮭魚肉 140 公克、田字型豆腐 2 塊
枸杞 1/2 茶匙、薑片少許、蔥段少許

》調味料

蠔油 2 茶匙、米酒 1 湯匙
太白粉少量、鹽 1 茶匙

》作　法

1.鮭魚切 8 小塊，加薑、蔥段、鹽、米酒去腥醃味。
2.豆腐去四週及上層，橫切成兩片，將醃好的鮭魚夾於豆腐中，盛裝蒸熟。
3.枸杞、蠔油以太白粉勾芡汁，淋於蒸熟的白腐紅鮭上即成。

營養分析（一人份量）

營養素	
蛋白質（公克）	10.5
脂質（公克）	4.5
醣類（公克）	3
熱量（大卡）	95

蔬菜沙拉

綠花椰菜含多種抗氧化劑：β 胡蘿蔔素、穀胱甘肽、維他命C及葉黃素，可抗氧化、抗癌及降膽固醇。
南瓜子含多量鋅，可降低攝護腺肥大機率。

》材 料

小黃瓜1根、綠花椰菜1/2顆
杏仁2茶匙、南瓜子2茶匙
小番茄150公克

》調味料

橄欖油1/2茶匙、蜂蜜2茶匙

》作 法

1. 小黃瓜切斜刀塊備用。
2. 綠花菜切成小朵，汆燙一下，以冰開水沖涼，並將小番茄切半備用。
3. 杏仁、南瓜子用堅果機打碎，加入調味料合成泥醬做為沾料即成。

營養分析（一人份量）

營養素	
蛋白質（公克）	1
脂質（公克）	5
醣類（公克）	3
熱量（大卡）	65

營養素	
蛋白質（公克）	3
脂質（公克）	0.5
醣類（公克）	2.3
熱量（大卡）	109

筑前煮

黃豆含異黃酮、植物雌激素等一些植物性化學物質，有助於捕捉自由基，具抗氧化特性，可防止過氧化脂質的生成，延緩老化。

》材　料

A.黃豆1/5杯、甜豆1/5杯
白蒟蒻120公克、蓮藕1/2根
乾香菇8朵、胡蘿蔔1/2根
小根麻竹筍1/2根

B.雞骨頭1付、海帶結200公克
洋蔥1小顆

》調味料

鹽2茶匙

》作　法

1.將材料B加5杯水及調味
料熬煮1小時成高湯。

2.乾香菇泡軟。

3.將所有材料洗淨切塊，炒
一下加高湯水煮熟。

4.甜豆亦以高湯水燙熟。

5.材料取出排盤即成。

營養分析 （一人份量）		
營養素		
蛋白質（公克）		1.5
脂質（公克）		3.5
醣類（公克）		5
熱量（大卡）		58

地中海蔬菜湯

番茄為茄紅素的主要來源，可抑制氧化自由基的活動。另含穀胱甘肽為強抗氧化劑，是維持細胞正常代謝不可缺乏的物質。

洋蔥含有前列腺素A可舒張血管，降低血壓和血液黏稠度，可防止冠心病。洋蔥也含硒，硒為抗氧化物穀胱甘肽的成分之一，需硒當做輔助因子，才能發揮穀胱甘肽的作用。

》材　料

馬鈴薯80公克、豌豆40公克
番茄1顆、大蒜4瓣、洋蔥1/2顆
蘑菇40公克、四季豆40公克
西洋芹40公克

》調味料

橄欖油2茶匙、鹽1/2茶匙

》作　法

1. 把所有蔬菜洗淨，切丁，大蒜去皮切碎備用。
2. 鍋中加入橄欖油、洋蔥丁爆香，約3分鐘後加入芹菜與大蒜拌炒約2分鐘。
3. 將其餘青菜加入拌炒2分鐘，加水煮30分鐘用鹽調味即成。

痛風是關節及其周圍組織，因有尿酸結晶的沉積，所造成的關節發炎。其有家族遺傳傾向，更有因高尿酸血症造成的家族性腎病變。痛風好發於中年人，一般男性的發生率比女性多，停經前的婦女發生痛風大部分有家族史。而且，有痛風的患者，經常與高尿酸血症、肥胖症、第二型糖尿病、高血壓、心血管疾病及慢性腎衰竭等疾病有關。

民國89年，行政院衛生署發布我國的高尿酸血症盛行率調查報告，證實罹患高尿酸血症高達270萬人；如果依照日本「高尿酸血症患者大約十分之一會罹患痛風」的標準來估計，國內的痛風人口高達27萬之多，可見痛風已成為多數國人的夢魘。

個論 **9**

痛風
飲・食・處・方

諮詢專家

高芷華
現職：臺大醫院內科部專任主治醫師
學歷：臺灣大學醫學院醫學系畢業
　　　臺灣大學公共衛生學院預防醫學研究所碩士

鄭千惠
現職：臺大醫院營養師
學歷：美國州立愛荷華大學營養系畢業

〔請教醫師〕 **認識痛風**

高芷華醫師（臺大醫院內科部）

何謂痛風

　　痛風是關節及其周圍組織，因有尿酸結晶的沉積（普林代謝異常），所造成的關節發炎。這是急性單關節發炎的最常見原因。

　　痛風有家族遺傳傾向，更有因高尿酸血症造成的家族性腎病變。其好發於中年人，一般男性的發生率比女性高，停經前的婦女發生痛風大部分有家族史。有痛風的患者，經常與高尿酸血症、肥胖症、第二型糖尿病、高血壓、心血管疾病及慢性腎衰竭等疾病有關。

痛風的發生原因

　　痛風的發病原因，主要是「高尿酸血症」；但也有部分患者在痛風發作時，其血清尿酸濃度正常。造成高尿酸血症的原因，主要為尿酸排泄減少（占90%），其次為尿酸產生過多。而痛風的誘發因子，包括手術、體液不足、禁食、超食、食用高普林食物及藥物（如阿斯匹靈和利尿劑）等。

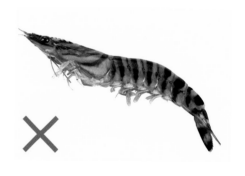

　　其中，攝取過量高普林食物，例如飲食以肉類、海鮮為主，或習慣大量飲酒（如啤酒），是現代人出現痛風最常見的原因，因此日常飲食控制相當重要。

高尿酸血症的定義

男性：血清的尿酸值超過 8 mg/dl	女性：血清的尿酸值超過 7 mg/dl

痛風的症狀

痛風的臨床病程，會由無症狀的「高尿酸血症」，演變成「急性痛風關節炎」，最後造成「慢性痛風石關節炎」。

急性痛風的臨床症狀，為急性關節炎（紅、腫、熱、痛）。其通常發生於腳部或腳踝的單一關節，偶爾多關節同時發生，一般在幾天內會自動消退。

痛風的診治

◆痛風的診斷

在顯微鏡下觀察關節抽出液，發現細胞內含有尿酸結晶，即可確定是痛風。此外，最近有研究報告指出，測量人類口水中的尿酸濃度，也可以快速診斷痛風。

◆急性痛風的治療

急性痛風的治療，主要為藥物治療，其常用藥物如下：

非類固醇消炎藥

非類固醇消炎藥（NSAIDs）是首選藥物，在痛風發作開始的 24 小時內用藥，治療效果最好。

此類藥物的副作用，包括因藥物過敏引起的皮疹、急性胃炎及急性腎間質炎等。不過，這些都是可以預防的，如飯後服用藥物和同時使用胃藥，可減少胃炎的發生；多喝水，則可減少腎間質炎的發生。

類固醇

不能使用非類固醇消炎藥時，醫師會視狀況使用低劑量的類固醇。但此藥不宜長期使用，以免造成外型改變、骨質疏鬆、血壓上升或腸胃問題等副作用。一般類固醇給藥途徑，包括口服、靜脈內注射及關節內注射等。

秋水仙素

這是一種自植物發現的物質，可抑制白血球活動，進而減少發炎反應。在急性痛風發生時，可以每一至二小時服用秋水仙素一次（0.5 毫克），直到腹瀉或症狀消失為止。秋水仙素治療效果不錯，主要副作用為腹瀉。

如何預防痛風

◆遵從醫囑定時服藥

- 痛風患者每天服用低劑量的秋水仙素（如每天 0.5 毫克），可以預防痛風的發作。
- 降尿酸藥物也是預防痛風的好幫手。降尿酸藥物主要有兩類，一類是抑制體內尿酸的產生，另一類是增加尿液中尿酸的排出。使用時，醫師必須根據病患血清中的尿酸濃度和腎臟功能來做調整。

▲ 多喝牛奶，可預防痛風。

◆飲食控制

避免食用高普林食物（參見下節），可以預防痛風。另有研究發現，經常食用牛奶的人，比較不會發生痛風。

◆生活改善

- 避免過度勞累、緊張或受濕冷。
- 適度做些輕鬆運動，放鬆壓力。
- 維持理想體重（因肥胖會增加尿酸產生），但不能急遽減重。
- 不亂服成藥（例如某些止痛藥含有阿斯匹靈、減肥藥含有利尿劑，都是引發痛風的危險因子）。

〔請教營養師〕遠離痛風飲食指南

鄭千惠 營養師（臺大醫院營養部）

痛風與飲食的關係

隨著生活的富裕及飲食的精緻化，「痛風」這種傳說發生在帝王之家的疾病，如今已不再是權貴專利，而是悄悄地發生在你我身旁，甚至九歲小朋友都有發病的報告。

引起痛風的原因很多，其中飲食是我們最能掌控的因子。雖然，有人認為嚴格的飲食控制，對於降低血液中尿酸指數幫助不大。但毫無節制的飲食習慣，卻會讓血液中的尿酸濃度飆高，達到隨時發作的狀態。

因此，改變飲食習慣，控制高普林食物攝取量，對於痛風患者與一般人來說，都是非常重要的。

怎樣吃最健康

◆少吃高普林食物

「普林」是構成細胞核核酸成分的物質，其代謝的最終產物就是尿酸，因此飲食中減少普林的攝取，可以降低血液中的尿酸。如動物的內臟、高湯、酵母粉等，都是高普林食物，料理時應減少使用。此外肉類的攝取也應節制（蛋白質的建議量為1公克／公斤體重）。

可參考本書第161頁「常見食物普林含量表」，對痛風患者來說，急性發病期時，

痛風患者也可以吃豆製品

民間流傳許多關於痛風飲食的禁忌，其中有部分是以訛傳訛的說法。例如某些人相信尿酸高的患者不可吃豆製品，其實豆腐中普林含量並不高，有些學者曾對素食者做調查，也未發現有較高的痛風流行率。由此可見，痛風患者不可吃豆製品的說法，是一種毫無根據的謬論。

應盡量選擇第一類低普林食物；非急性發病期時，仍應避免攝取第三類普林食物。

◆飲食清淡

過於油膩的飲食，會抑制尿酸的排泄，導致血中尿酸上升。因此，烹調最好採用涼拌、清蒸、燉煮的方式，少吃煎、炸等食品。

◆多喝水、少喝酒

每天飲用的液體，應至少在 2000cc 以上，以幫助尿酸排泄。但有心臟疾病、腎功能不全的人是否要多喝水，仍必須徵詢營養師意見。

另外，酒類要盡量避免，尤其是痛風病患，一定要實施嚴格的戒酒，才能讓尿酸值趨於正常。

常見食物普林含量表

	第一類低普林食物 （每一百公克含量為1～25毫克）	第二類普林食物 （每一百公克含量為25～150毫克）	第三類普林食物 （每一百公克含量150～1000毫克）
豆類及其製品		豆腐、豆乾、豆漿、味噌、綠豆、紅豆、花豆、黑豆	黃豆
肉類	雞蛋、鴨蛋、皮蛋豬血	雞胸肉、雞腿肉、雞心、雞胃、鴨腸、豬肉（瘦肉）、豬肚、豬心、豬腎、豬肺、豬腦、豬皮、牛肉、羊肉、兔肉	雞肝、雞腸豬小腸、豬肝鴨肝、牛肝
海產類	海參、海蜇皮	旗魚、黑鯧魚、草魚、鯉魚、紅鱠、紅魽、秋刀魚、鱔魚、鰻魚、烏賊、螃蟹、蜆仔、鮑魚、香螺、蝦、魚翅、鯊魚皮、脆魚丸	馬加魚、白鯧魚、鰱魚、虱目魚、吳郭魚、皮刀魚、四破魚、白帶魚、烏魚、鯊魚、海鰻、小管、草蝦、牡蠣、蛤蠣、蛤仔、干貝、金鈎蝦、蝦米、扁魚乾、吻仔魚、烏魚皮、白帶魚皮
蔬菜類	山東白菜、菠菜、蒿仔菜、莧菜、捲心白菜、芥蘭菜、韭菜、黃韭菜、花椰菜、高麗菜、芹菜、芥菜葉、水甕菜、韭菜花、葫蘆瓜、冬瓜、苦瓜、絲瓜、胡瓜、花胡瓜、胡蘿蔔、蘿蔔、茄子、青椒、洋蔥、番茄、蔥、木耳、雪裡紅、酸菜、榨菜、蘿蔔乾	青江菜、茼蒿、皇帝菜、九層塔、四季豆、豇豆、豌豆、海藻、海帶、蒜、金針、銀耳、鮑魚菇、洋菇、筍乾	豆苗、黃豆芽、蘆筍、乾紫菜、乾香菇
油脂類	瓜子	花生、腰果、芝麻	
其他	葡萄乾、龍眼乾、番茄醬、醬油、冬瓜糖、蜂蜜	栗子、蓮子、杏仁、酪蛋白、枸杞	肉汁、雞精、酵母粉

〔健康廚房〕 **遠離痛風食譜示範**

鄭千惠營養師／食譜設計

乾烤魚下巴

傳統魚肉的烹調方式多以煎、炸爲主，較少使用烘烤的方式來調理，建議患者宜用烘烤、清蒸或煮湯的方式來調理海產類食物，以減低油脂的攝取量。

》材　料

鯛魚下巴4個

》調味料

和風醬3匙、白芝麻1匙

》作　法

1. 烤箱先預熱10分鐘。
2. 先將魚下巴用和風醬醃30分鐘後備用。
3. 將鯛魚下巴洗淨後，入烤箱中180℃烤20分鐘，灑上白芝麻即可食用。

營養分析（一人份量）

營養素	
蛋白質（公克）	7
脂質（公克）	6.5
醣類（公克）	0.8
熱量（大卡）	89.7

營養分析（一人份量）

營養素	
蛋白質（公克）	5
脂質（公克）	3.5
醣類（公克）	5.1
熱量（大卡）	71.9

香椿豆腐

患有高尿酸血症的人迷信不吃豆類的傳言，然而根據流行病學的研究顯示，吃素的人痛風的流行率並沒有比較嚴重，其實豆製品的食物中只有黃豆的普林含量比較高，而一般民眾常吃的豆腐或豆漿其普林含量甚至比豬肉低，非急性痛風期的患者，不用刻意避免。香椿是素食者常用的辛香食材，其食用的方法與青蔥類似，此外，對於注重養生的現代人而言，香椿也是良好的防癌蔬菜，根據亞洲蔬菜研究發展中心研究，在一百五十種蔬菜中香椿的抗氧化性高居第一，比起目前熱門的地瓜葉高三到十倍。

》材　料

香椿醬 3 大匙、嫩豆腐 1 盒
蔥花 1 大匙

》調味料

芝麻醬 1 又 1/2 大匙、麻油 1 大匙
鹽 1/2 茶匙、醬油 1 又 1/2 大匙

》作　法

1. 豆腐用清水滾煮 1 分鐘，撈起滴乾水分，置於深口盤中。
2. 香椿醬與調味料調勻，淋在豆腐上，食用前撒下蔥花即成。

163

番茄義大利麵

高尿酸血症的人攝取肉類應節制，選擇番茄義大利麵是因為其肉類的含量較其他種類的義大利麵少，所以愛吃西餐的人，可以選擇義大利麵當主食。

此外番茄中的茄紅素也是一種很好的抗氧化劑，對於預防心血管、癌症的發生也有不錯的效果。

》材　料

義大利通心麵400公克、大番茄100公克
洋蔥100公克、蒜片4片
九層塔少許、巴西里末半匙

》調味料

和義大利醬200cc、橄欖油5匙、鹽3匙

》作　法

1.將義大利通心麵放入滾水中，放入少許的鹽巴，約煮8分鐘後撈起備用。
2.番茄、洋蔥切丁備用。
3.用少許橄欖油將蒜片爆香，再將番茄及洋蔥後放入快炒並加入義大利麵醬、水。
4.待醬汁滾熱之後，放入預煮的麵條，待麵條入味變色即可上桌。

營養分析（一人份量）

營養素	
蛋白質（公克）	12.3
脂質（公克）	7.1
醣類（公克）	89.7
熱量（大卡）	471.9

白果絲瓜

肥胖者罹患痛風的機率比較高，所以患有高尿酸血症的人應維持標準體重，肥胖者宜作體重控制，每個月減輕 1 至 2 公斤為宜。減重期間為增加飽足感可以多攝取清淡的蔬菜。

》**材 料**

絲瓜 500 公克
白果 50 公克
髮菜 5 公克
薑絲 5 公克

》**調味料**

鹽 1 茶匙、芥花油 1 匙

》**作 法**

1. 髮菜泡水洗淨備用。
2. 絲瓜去皮後，切滾刀塊備用。
3. 白果放入滾水中，過水燙過後，撈起備用。
4. 熱鍋放入芥花油及薑絲爆香後，放入絲瓜及白果，煮熟後灑上髮菜並調味，即可食用。

當歸大補湯

高湯常成為高尿酸血症患者的一大禁忌，如果可以用中藥材來提味，一樣有高湯的美味，卻少了高湯中的普林。

》 **材 料**

腐竹50公克、老薑數片、紅棗20顆
黑棗15顆、川芎20錢、桂枝4兩
黃耆20錢、當歸10片

》 **調味料**

鹽少許

》 **作 法**

1. 將水煮開後放入薑片及中藥材，關小火熬約30分鐘。
2. 腐竹洗淨後捏成小片，放入高湯中煮，水滾後調味即可關火食用。

營養分析（一人份量）

營養素	
蛋白質（公克）	0.7
脂質（公克）	-
醣類（公克）	10.3
熱量（大卡）	44

紅棗蓮子湯

市售的甜品多為油脂、糖分含量豐富的精緻點心，並不適合痛風患者食用。紅棗、蓮子湯是華人所喜歡的甜品之一，普林含量甚低，多吃也沒有引起痛風的疑慮。至於計畫控制體重者可利用代糖來取代冰糖。

》材　料

紅棗12顆
蓮子60公克、白木耳5錢

》調味料

冰糖50公克

》作　法

1.蓮子、白木耳、紅棗洗淨備用。
2.蓮子放入冷水中煮至鬆軟後，再加入白木耳及紅棗。
3.待湯再次煮開後，即可加入冰糖調味，熄火後即可食用。

營養分析（一人份量）

營養素	含量
蛋白質（公克）	1.7
脂質（公克）	-
醣類（公克）	17
熱量（大卡）	74.8

原發性骨質疏鬆症常見於停經婦女和老年人，且經常引起骨折，近十年來台灣流行病統計調查發現：65歲以上台灣城市婦女中，約19％出現一個以上之脊椎體壓迫性骨折；男性為12％。全民健保資料顯示，民國85至89年之間，65歲以上男性每年髖部骨折約為2500例，女性則約為3500例。骨質疏鬆症發生骨折的機率約為發生腦中風的2～4倍。

骨質疏鬆症骨折常出現併發症，使功能減退，甚至死亡。依健保紀錄，發生髖部骨折的老年女性，一年內死亡率約為15％，約等於乳癌3、4期的死亡率，老年男性則為22％。骨質疏鬆症骨折的死因則以長期臥床引發之感染為主。

台灣婦女骨質疏鬆症防治指引指出，依目前台灣婦女平均壽命為78.3歲，約三分之一台灣婦女在一生中會發生一次脊柱體、髖部或腕部之骨折；男性約有五分之一的風險。

個論 **10**

骨質疏鬆症

飲・食・處・方

諮詢專家

楊榮森

現職：臺大醫學院骨科教授
　　　臺大醫院骨科部及腫瘤部主治醫師
學歷：臺灣大學醫學系醫學士
　　　臺灣大學醫學院臨床醫學博士

賴聖如

現職：臺大醫院營養師
學歷：臺北醫學大學保健營養研究所進修中

〔請教醫師〕 **認識骨質疏鬆症**

楊榮森醫師（臺大醫院骨科部主治醫師）

何謂骨質疏鬆症

人體骨骼由皮質骨和海綿骨組合而成，且不斷代謝重組，如果舊骨質代謝過多或過快，新骨質又來不及製造，兩者便會失去平衡，使其間孔隙不斷增多、變大，形成代謝性骨骼障礙——骨質疏鬆症。

年齡、性別與骨質疏鬆症的關係

◆年齡與骨質疏鬆症的關係

人體骨量（骨骼的總量）受到遺傳影響，但通常會在成年後達到最高峰，平日從事適當運動、補充足夠營養，且戒除不良生活習慣，可使人體得到最大骨量值，並能維持正常的骨代謝平衡。

當進入中年後，骨平衡會漸漸變成負值，每年約有1％的骨質流失率，此時若不積極補充鈣質及多運動，骨質疏鬆症就容易發生。待邁入老年後，由於造骨作用變差，骨質疏鬆的狀況會更加嚴重，一不小心跌倒，往往會造成嚴重骨折。

◆性別與骨質疏鬆症的關係

臨床證實，骨質疏鬆症好發於女性，尤其是更年期婦女。婦女停經後初期，會因體內的雌激素急速減少，而加速骨質流失，每年骨質流失率約提高為2～3％，直到停經後五年以上，其骨質流失速率才變慢，由此估計，在55～75歲期間，婦女會流失總骨量的20％。

不過，雖然女性較易罹病，但也有些男性會出現骨質疏鬆，這有些與遺傳有關，有些則因為發生其他疾病，或使用類固醇造成。目前研究證實，男性骨質疏鬆症的發生率，約占老年男性的九分之一。

骨質疏鬆症與骨折的危險因子

◆引發骨質疏鬆症的危險因子

臨床上引起骨質疏鬆症的危險因子很多，除了高齡、女性外，還有低鈣質攝食（每日鈣質攝取量不足600毫克）、早發性停經（40歲以前就停經）、身材瘦小（年紀比體重大者）、運動量少、濫用藥物（特別是類固醇）、吸菸、酗酒等。

罹患某些疾病（如甲狀腺機能亢進、肝病、腎臟病、早發性停經、副甲狀腺機能亢進），也可能引發骨質疏鬆。此外，骨質疏鬆與種族、遺傳亦有關係，統計顯示，白種人及黃種人較易發病，具家族史的人也是。

◆引發骨折的危險因子

已有骨質疏鬆症的人，如果有下列危險因子存在，要更小心防範骨折發生：

- 父母親曾因骨質疏鬆症而引發相關骨折。
- 體重比同齡者平均體重輕25%（或BMI＜20）。
- 成年期間曾發生骨折（但手指、腳趾、臉骨、顱骨不算）。
- 40歲以前就停經；或生育年齡期間，當中無經期間的時間累積達兩年以上。
- 服用類固醇（相當於每日大於5mg prednisolone）累積六個月以上。
- 罹患失智症，且行動不正常者。
- 罹患甲狀腺機能亢進達一年以上者。
- 罹患副甲狀腺機能亢進者。
- 罹患肝硬化、類風濕性關節炎，或雙眼視力嚴重不良（雙眼校正後仍在0.1以下）。
- 長期抽菸或喝酒。

骨質疏鬆的症狀

發生骨質疏鬆時，常常不會出現明顯的症狀，雖然有些病患會腰酸背痛，但這並非此病的特異性症狀，因此常被忽略，直到真的發生骨折，或在累積一些傷害後，才會引起明顯的症狀，如駝背、身高變矮、骨折部位變形劇痛、局部或廣泛的

腰痠背痛、體力變差、行動受限等，嚴重者甚至會出現生活不便與功能障礙，大大影響家居生活。

更嚴重的是，病人往往會因骨折（或害怕骨折）而減少活動量，加重骨質快速流失的惡性循環，結果導致海綿骨含量較多部位明顯流失骨質，如腕部、髖部和脊椎等部位，並導致這些部位發生骨折。

骨質疏鬆症的診治

◆骨質疏鬆症的診斷

目前對於骨質疏鬆症的診斷，仍採「骨密度測量法」為主要依據，且以「雙能量X光骨密度測量法」最受肯定，當骨密度下降一個標準差時，其發生骨折的危險性即增高兩倍。

根據世界衛生組織的定義，當使用雙能量X光骨密度測量時，若白人女性骨密度的T分數高於－1.0時，表示骨密度正常；低於－2.5時，即可診斷為骨質疏鬆症；而介於－1.0和－2.5之間時，表示骨量缺少。

◆骨質疏鬆症的治療藥物

骨質疏鬆症的藥物治療，包括攝取足量鈣質及維生素D、補充荷爾蒙、使用抑鈣激素（Calcitonin）、氟化物及雙磷酸鹽等。

其中，雙磷酸鹽的臨床研究發現，使用後會有效提高骨密度，且可降低骨折發生率；但應注意其副作用（有些使用者會出現噁心、腹部不適等症狀），以及長期使用的安全性。除了雙磷酸鹽外，目前還有其他新藥物，也應注意安全規範，依據醫師處方使用。

如何預防骨質疏鬆與骨折

要對抗骨質疏鬆，當然愈早愈好，最好能夠在骨質累積時即注重保健之道，這樣遠比在發生嚴重骨質流失甚至骨折時才要亡羊補牢，要來得更為有效。

◆合理的運動

要預防骨質疏鬆，適當的運動與足夠的營養最基本也最重要。運動除了可以改善心臟、肺臟、腸胃及神經系統功能外，也可以使骨骼健壯，改善平衡功能。此外，戶外運動可以增加陽光照射，有利維生素D合成，值得推薦。

如果考量保健骨質效果，應從事荷重運動，包括慢跑、體操、球類運動、有氧運動、步行等。有研究指出，停經後婦女接受雌激素治療，並從事荷重運動，可使腰椎骨密度增高。

不過，更年期女性仍應考量個人體能負荷與需求，選擇適合自己的運動，才能發揮效果。

◆攝取適當的營養素

適當的營養補充，是健康骨骼的根本之道。基本上，應攝取足夠的鈣質、蛋白質和維生素，尤其更年期婦女鈣質流失速率增快，更應設法補充足夠的鈣質，以對抗停經後的骨質流失。在鈣質攝取方面，建議多飲用牛奶及食用其他乳製品（如乳酪）、豆類食品、甘藍菜或蒿苣等綠葉蔬菜等。

此外，多吃富含維生素D的食物（如魚肉、奶油、動物肝臟和牛奶等），也有利骨質保健，建議每日補充400～800單位的維生素D，以增強鈣質吸收，改進骨質。

◆戒除不良的飲食習慣

早日戒除不良的飲食習慣，不可酗酒、吸菸及嗜飲咖啡，或為減肥而採取不當的飲食行為，以免骨質加速流失。若因罹患其他疾病，而必須採行低脂、低鹽或低糖飲食，應與醫師和營養師討論。

◆活動小心以防骨折

常發生跌倒的場所包括浴室、廚房、光滑打蠟的地板、樓梯、廁所、凹凸不平的地面、光線不夠明亮的場所、積水或天雨路滑地面，以及有障礙物（如電線、玩具）的地方、不熟悉的環境（如老人由兒女輪流扶養換環境）等，在這些地方活動時應多加注意。

▲ 多運動才能健壯骨骼，幫助改善平衡功能。

總之，診治骨質疏鬆症的最重要目標乃是避免發生骨折，因此，應及早保健骨骼品質，並預防跌倒，平日應兼顧運動、營養及良好生活習慣，必要時採用藥物治療，且注意防範跌倒造成骨折，才可奏效。若不幸發生骨折，各種保健更需與醫護人員配合實行，才可提高療效。

安全保護是最基本的工作

要預防骨質疏鬆症病患發生骨折意外，特別是老人家，安全保護是最基本的工作。如果經濟能力許可，最好能改善居家較危險的環境（如浴室、樓梯等），加裝防護設施或營造無障礙空間，即可大大減少意外的發生。

另外要注意的是，許多有骨質疏鬆症的老年人，常在大清早出外運動。此時光線不足，或因罹患白內障或其他眼疾，造成視力不良；或發生帕金森氏症或失智症，致使運動功能變差，神經反應變遲緩，使其在跌倒時反應能力變慢。因此，老人從事戶外運動時應選擇熟悉環境，且應有家人或朋友結伴同行，方便照應。

其實不只是老人，其他有精神疾病、認知障礙、神經系統疾病、心血管疾病、起坐性低血壓或營養不足、常飲酒的人，室內外活動時也應特別注意，如有必要，外出時最好能有家人或朋友在身邊保護。

〔請教營養師〕**遠離骨質疏鬆症飲食指南**

賴聖如營養師（臺大醫院營養部）

骨質疏鬆與飲食的關係

鈣質是構成骨骼、牙齒的重要成分，占體內總鈣量的99％；另外的1％，則負責維持正常的心跳、神經的傳導、肌肉的收縮、血液的凝固、酵素的活性，以及協助維生素B_{12}在迴腸的吸收等。

隨著醫學進步，國人平均壽命日益增長，一些慢性病如心血管疾病、糖尿病、肝病、腎臟病等預防保健逐漸被重視。然而，最容易發生在老年人身上，且影響其生活品質的骨質疏鬆症，卻往往為人所輕忽，直到發生骨折才知此事的嚴重性，可惜為時已晚。其實，人過了35歲之後，骨質不但不再儲存，還以每年約1％的速度慢慢流失（婦女更年期流失速率更高）。因此，囤積骨本的功課，一定要從年輕開始。

怎樣吃最健康

◆注意鈣質的攝取

老年人、女性（尤其是停經婦女）、高蛋白質飲食形態、缺乏運動者，都是骨質疏鬆症的好發族群。因此，平時注意鈣質的攝取，是保養骨骼的基本要件。此外，許多流行病學研究也發現，高鈣質飲食除了能預防骨質疏鬆症，也能預防癌症的發生，尤其是大腸直腸癌。

◆強化鈣質的吸收

影響鈣質吸收最主要的因素，決定於身體對於鈣質的需求。此外，維生素D是否足夠、胃酸的存在與否，以及適量的運動，也是影響鈣質吸收的因子。飲食中，含乳糖、維生素C的食物可以增加鈣質的吸收；相反的，鈣質與鐵同時食用會降低兩者的吸收率（例如高鐵高鈣奶粉，高鐵食物包含豬血、豬肝、羊肉、牛肉等

紅肉及含動物血液的食物），含草酸食物（如甘藍、菠菜、可可等）在小腸消化也會與鈣質結合，降低腸道對鈣質的吸收。

此外，高鹽、高蛋白質（如炸雞、漢堡等），會促進鈣質的排泄，汽水、可樂也會妨礙鈣質的吸收，因此，骨質疏鬆症患者應該避免食用速食。

◆盡量從飲食中攝取鈣質

雖然高鈣飲食有諸多好處，但近來也有研究報告指出，過多的鈣質攝取與攝護腺癌的發生有相關性，有腎結石及腎臟病者也不宜使用過量的鈣質補充品，所以，盡量由飲食攝取且少量多次，是最安全的作法。

理想的鈣質食物來源，有牛奶和乳製品、含骨魚蝦（如魩仔魚、小魚乾、蝦米）、綠色蔬菜（如綠花椰菜、甘藍菜、芥藍菜、皇宮菜、莧菜）、酵母、黃豆及其製品（如豆漿、豆腐、豆干等）、核果（如花生、胡桃、葵花子）等，平日飲食可以多吃。

▲ 綠色蔬菜是理想的鈣質食物來源。

◆必要時以鈣補充品補不足

衛生署建議成年人鈣質攝取量每日為 1000 毫克，青少年則為 1200 毫克。看起來很多，但其實只要每天喝兩杯（共 500cc）低脂奶，加上兩碟深色蔬菜，就可以供應身體 80～90% 的鈣質需求。只不過，國人外食習慣難以改變，加上忙碌常使人忽略營養需求，以致大部分國人均未能從一般飲食中攝取到足夠的鈣質。

如果因外食因素，無法從飲食中攝取足夠鈣質，則不妨補充市售鈣質強化食品（如高鈣蘇打餅乾、加鈣果汁），或含鈣的綜合維生素；至於市售的高劑量鈣片，應先徵詢營養師意見，選擇適合自己體質的產品，千萬不要隨便亂吃，以免服用過量，或造成便祕、脹氣等不適。

總之，養成每日飲用奶製品、多吃綠色蔬菜的飲食習慣，每天曬太陽 15～20 分鐘補充維生素 D，並且多做大肢體運動，就可以降低骨質疏鬆症的危險性。平日在食物選擇上多用點心，年輕時即養成運動的生活習慣，累積足夠的骨本，當我們年老時，就能抬頭挺胸向前邁進。

〔健康廚房〕遠離骨質疏鬆症食譜示範

賴聖如營養師／食譜設計

吐司披薩

起司含鈣量相當豐富，又可搭配料理使用，其他如牛奶、優格、甘藍菜、鮭魚及豆腐，均是相當好的鈣質來源。

》材　料

厚片吐司2片
拔絲起司100公克
番茄醬2茶匙、吻仔魚80公克
洋蔥40公克、青椒40公克
菠菜葉60公克、鳳梨角80公克

》作　法

1. 洋蔥、青椒切絲備用。
2. 烤箱預熱備用。
3. 吐司塗上番茄醬，灑上洋蔥絲、青椒絲、鳳梨角、菠菜、起司等，放進190℃的烤箱烤約7分鐘後即成。

營養分析（一人份量）

營養素	
蛋白質（公克）	17
脂質（公克）	10
醣類（公克）	18
熱量（大卡）	230
含鈣量（毫克）	196.1

營養分析 （一人份量）	
營養素	
蛋白質（公克）	17.8
脂質（公克）	7.7
醣類（公克）	28.7
熱量（大卡）	255.3
含鈣量（毫克）	132.5

花壽司

魩仔魚、旗魚鬆、鰻魚是味鮮含高鈣食品，且味道鮮美，極適合作爲高鈣飲食的材料。

》 材　料

米飯50公克、檸檬汁3cc
糖少許、魩仔魚60公克
旗魚鬆60公克
白芝麻2公克
蒲燒鰻140公克
蘆筍20公克、紫菜1片
嫩薑切片（依喜好程度酌量）

》 作　法

1. 米飯先拌入檸檬汁、少許糖。
2. 魩仔魚、蘆筍燙熟、蒲燒鰻切長條備用。
3. 旗魚鬆拌入白芝麻。
4. 取紫菜一片鋪上拌好的壽司飯，續擺上旗魚鬆、蘆筍、蒲燒鰻等材料後捲起即成。
5. 嫩薑片以水果醋蓋滿浸泡十分鐘，泡軟後即可搭配食用。

奶油焗白菜

乳鈣質是眾高鈣食物中最易吸收的鈣，其中乳糖的存在是原因之一。因為部分的乳糖與鈣結合，利於吸收；而部分的乳糖在腸道具有調節 PH 值的功能，有利於鈣質的吸收。

》材　料

大白菜 400 公克
麵粉 40 公克
拔絲起司 100 公克
奶油 20 公克
鮮奶 100cc

》作　法

1. 麵粉在乾鍋炒至微黃。
2. 奶油加入鮮奶以小火拌勻、加入麵粉繼續拌炒至糊狀。
3. 烤箱預熱後，烤盤上依續舖上大白菜、麵糊及起司絲，烤至表面微黃即成。

營養分析（一人份量）

營養素	
蛋白質（公克）	30
脂質（公克）	14
醣類（公克）	31
熱量（大卡）	315
含鈣量（毫克）	395.5

營養分析（一人份量）

營養素	
蛋白質（公克）	6
脂質（公克）	1.5
醣類（公克）	47
熱量（大卡）	224.5
含鈣量（毫克）	48.7

蘋果含豐富的維他命C及果膠質，多多食用可幫助體內腸道環保及養顏美容。

凱撒沙拉

》**材　料**

美生菜120公克
蘿美生菜120公克、蘋果半個

》**調味料**

優格100公克
桑椹果醬3湯匙

》**作　法**

1. 將所有食材切成大丁。
2. 優格、桑椹果醬攪拌勻備用。
3. 將作法2料淋在食材上即成。

蔬菜起司燒

甜椒色彩豐富，是美麗的調色盤，又富含維生素 A、C 及天然植物色素，具有很好的抗氧化效果。

》材　料

紅甜椒 60 公克、黃甜椒 60 公克
小黃瓜 40 公克、番茄 40 公克
起司 100 公克
香魚片 200 公克
蒜頭少許、高湯 50cc

》作　法

1. 將紅甜椒、黃甜椒、小黃瓜、番茄、切滾刀塊、燙熟備用。
2. 油開大火，將香魚片、蒜末略炒，即可轉中火，再放入高湯。
3. 最後將燙熟材料放入作法 2，煮至鍋內湯汁滾開後放入起司片，待成稠狀即成。

營養分析（一人份量）

營養素	
蛋白質（公克）	9
脂質（公克）	4
醣類（公克）	20
熱量（大卡）	152
含鈣量（毫克）	179.3

營養分析（一人份量）	
營養素	
蛋白質（公克）	8
脂質（公克）	5
醣類（公克）	12
熱量（大卡）	12.5
含鈣量（毫克）	295.4

杏仁奶凍

洋菜是由海藻中提煉，口感較脆；吉利丁又名明膠，由動物皮提煉，口感滑順。杏仁則含有豐富的維生素 B 群、鈣質；奶類含維生素 D，可幫助吸收鈣質，均有益骨質疏鬆症患者。

》材　料

杏仁露 12cc
杏仁片 12 公克
奶粉 120 公克
洋菜粉 15 公克
吉利丁 15 公克

》作　法

1. 將洋菜粉、吉利丁冷水攪勻後，加熱煮化為止。
2. 倒入奶粉煮溶後，滴入杏仁露。
3. 冷藏至結凍。
4. 結凍後取出，灑上杏仁片即可食用。

根據台灣地區的調查，婦女平均停經年齡約為50歲前後。此時期由於女性荷爾蒙大量減少，所以會產生自律神經失調（如熱潮紅、盜汗、失眠、心悸）、生殖泌尿器官萎縮、骨質疏鬆、憂鬱或躁鬱等不適。要緩解更年期不適，除了補充女性荷爾蒙外，日常飲食生活改善也很重要。

根據統計，停經時會發生明顯更年期症狀（熱潮紅、心悸等）的比例，在歐美國家的婦女高達六至八成，而在台灣及日本等亞洲國家的婦女則只有兩成左右。為什麼會有這樣的差異呢？除了人種及儒家忍耐文化上的不同外，亦有學者提出可能是飲食因素。由於日本人及台灣人皆嗜食豆類食品（豆腐、味噌湯等），而此等豆類食物中即富含大豆異黃酮等植物性荷爾蒙，故可能緩解因缺乏女性荷爾蒙而引起的更年期症狀。倘若能配合適當運動幫忙調節自律神經，也是改善更年期不適的良方。

個論 **11**

更年期障礙

飲 · 食 · 處 · 方

諮詢專家

嚴孟祿

現職：臺大醫學院助理教授
　　　臺大醫院婦產部主治醫師
　　　臺大醫院公館院區綜外部副主任
學歷：臺灣大學醫學系醫學士
　　　臺灣大學預防醫學博士

鄭金寶

現職：臺大醫院營養部主任
學歷：輔仁大學食品營養研究所博士班

〔請教醫師〕 認識**更年期障礙**

嚴孟祿醫師（臺大醫院婦產部）

何謂更年期

　　所謂「更年期」，是指婦女在卵巢功能慢慢衰竭的這段期間。這段期間，可以持續幾個月到幾年之久，而臨床上最明顯的表現，就是從「有正常月經」過渡到「完全停經」。根據台灣地區的調查，婦女平均停經年齡約為50歲前後。

更年期障礙的原因

　　在更年期這段期間內，由於卵巢功能逐漸衰退，不再規則地排卵，卵巢所分泌的荷爾蒙（由女性荷爾蒙與黃體素構成，其中女性荷爾蒙減少對更年期影響最大）也逐漸減少，因此，除了沒有排卵無法再受孕生子之外，月經也會開始變得不規則，有些人一、二十天就來一次月經，有些人則要數個月甚至半年、一年才來一次月經。而且，由於體內女性荷爾蒙遽降，所以常會造成更年期婦女在生理及心理方面的種種不適。

更年期障礙的症狀

◆ 自律神經失調

　　女性荷爾蒙的減少，會影響自律神經的平衡。其中，熱潮紅是最典型的症狀之一，大多數婦女是由胸口開始感覺燥熱，然後很快地往上延伸到頸部及頭部，即便在冬天，皮膚也會泛紅、發熱。雖然熱潮紅發作的時間很短，通常只有一、兩分鐘就會自然消退，但這種情形常會持續數月到數年之久。

　　由於熱潮紅發生時，血管會擴張，發散體溫，所以也會導致全身盜汗，使睡眠中斷，成為失眠一族。此外，心悸也是常見症狀之一，很多更年期前後的婦女常因

感到心悸，以為是心臟有問題而去心臟科求診，之後才再被轉回到婦產科就醫。

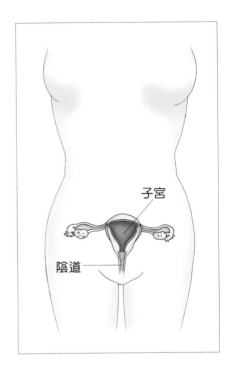
子宮

陰道

◆生殖泌尿器官萎縮

婦女到了六十多歲，停經久一點之後，隨著女性荷爾蒙缺乏的時間漸久，生殖泌尿器官也會開始逐漸萎縮。有時候，會發生萎縮性陰道炎，其典型症狀是外陰搔癢、白帶增多、陰道有灼熱感、出血，乃至於性交疼痛。而尿道的萎縮，則會出現頻尿、小便灼熱及疼痛的現象。

此外，女性荷爾蒙長久缺乏，也會使支持骨盆的肌肉及韌帶變得鬆弛，導致子宮脫垂、膀胱膨出和尿道膨出的情況更加嚴重，不但會造成疼痛不適及行動上的不方便，甚至會形成尿失禁，使婦女身心遭受更大的打擊。

◆骨質疏鬆

骨質疏鬆症是伴隨女性更年期停經後的夢魘。婦女在停經後，因女性荷爾蒙停止分泌，骨質極易快速流失，所以較容易罹患骨質疏鬆症。不過，由於骨質疏鬆症是無聲無息的，在沒有發生骨折前不易察覺，因此常被忽視。

因骨質疏鬆症造成的骨折，最常見於腰椎、大腿骨及手腕等處。如果是在大腿發生骨折，就需要長期臥床，不但對病人造成莫大痛苦，也為家屬帶來許多經濟及照顧上的負擔。

◆憂鬱或躁鬱

女性荷爾蒙的急遽減少，除了會影響婦女的自律神經，造成前述的熱潮紅、盜汗、失眠、心悸之外，有時也會導致注意力不集中、偏頭痛及情緒上的不穩定。而且，由於此時剛好是社會學上所謂的「空巢期」，即先生事業日益繁忙無暇照顧家人，小孩又逐漸成長不常在家，以致這段期間有明顯更年期症狀的婦女，身心更是

飽受煎熬。

另外有一些婦女在更年期後，即使沒有上述自律神經失調、萎縮性陰道炎、骨質疏鬆等症狀，但因缺乏女性荷爾蒙導致皮膚乾燥失去彈性（或皺紋變多），乳房變小鬆弛下垂，所以也往往情緒低落、鬱鬱寡歡，覺得自己年華老去。

更年期障礙的診治

◆如何判斷是否進入更年期

在臨床上要判斷女性是否進入更年期，主要還是依賴病史的詢問，這包括年齡、月經史及典型症狀的有無。如果光靠病史還不能確定，則可輔以實驗室檢查，抽血檢驗血液中女性荷爾蒙及濾泡刺激激素的高低，來判斷是否已進入更年期。

◆更年期障礙的治療

更年期的婦女到底需不需要補充女性荷爾蒙？目前仍有不少爭論，使用女性荷爾蒙造成的月經再來潮、子宮內膜增生，以及乳房不適、乳房腫瘤等問題，確實不少更年期婦女及骨質疏鬆症患者有所疑慮。但一般來說，補充女性荷爾蒙仍有不少好處，簡要來說有下列幾點：

- 緩解更年期症狀，如熱潮紅、盜汗、失眠、心悸及改善皮膚的老化。
- 防止骨質疏鬆症，降低日後骨折的機會。
- 減少萎縮性陰道炎發生，以及因此引起的性交疼痛。
- 降低罹患大腸癌的機會。

由於病人的狀況都不一樣（個人體質、停經時日、有無其他疾病或曾接受婦科手術），對特定藥物的反應也都不盡相同。因此，若有需要接受女性荷爾蒙補充治療，就應好好坐下來與主治醫師討論，嘗試、調整，以找出最適合自己的藥物種類（女性荷爾蒙有好幾種，有口服式、塗抹式、貼片式和注射式）及治療方法（連續給藥或周期性給藥）。而且，病人也應定期回門診追蹤，以便能早期偵測可能併發症之發生，及早做藥物或治療法的調整，以期能得到荷爾蒙補充療法的最大好處。

如何預防更年期障礙

　　除了荷爾蒙補充治療之外，對於症狀不嚴重的女性朋友，也可以嘗試透過日常飲食及生活改善，來幫忙度過更年期。根據統計，停經時會發生明顯更年期症狀（熱潮紅、心悸等）的比例，在歐美國家的婦女高達六至八成，而在台灣及日本等亞洲國家的婦女則只有兩成左右。

▼ 多吃豆類食品，可緩解輕微的更年期症狀。

　　為什麼會有這樣的差異呢？除了人種及儒家忍耐文化的不同外，亦有學者提出可能是飲食因素。由於日本人及台灣人皆嗜食豆類食品（豆腐、味噌湯等），而此等豆類食物中即富含異黃酮等植物性荷爾蒙，故可能緩解因缺乏女性荷爾蒙而引起的更年期症狀。

　　雖然在目前已發表的醫學文獻中，植物性荷爾蒙的效果並不明顯，推論可能是該等植物性荷爾蒙效價較低所致。但是，對於僅有輕微更年期症狀的婦女來說，適當運動幫忙調節自律神經、強化骨骼，並在飲食中補充豆類及其製品，仍不失為另一改善更年期障礙的方法。

〔請教營養師〕 **更年期婦女飲食指南**

鄭金寶 營養師（臺大醫院營養部）

更年期障礙與飲食的關係

對女性來說，更年期絕對是個人生命期的一個重要轉折點，因為這是從中年跨入老年的階段，生理及心理的變化非常劇烈，女性能否過得快樂、健康且水噹噹，適當的營養調配及照顧可說是關鍵因素之一。

更年期的生理變化很多，除了骨質疏鬆、生殖泌尿器官萎縮外，還有女性荷爾蒙下降引起的熱潮紅、盜汗、心悸等不適，有時又會胸口燥熱、胸悶得發慌或心跳加速。再加上子女已成長、先生又事業忙碌，在家時間不多，處於所謂的「空巢期」，部分婦女更會因此感到失落、空虛、充滿不安全感，或甚至失眠、多疑而形成憂鬱症等情緒障礙，久而久之，外型自然蒼老失神。若是職業婦女，也是面臨退出職場或繼續接受挑戰的選擇，在心理、生理的調適，都需要營養照護的關心。

此時，婦女正需要均衡的飲食，補充適當的營養素，來緩解更年期的不適症狀，預防憂鬱、骨質疏鬆症及心血管疾病的發生，才能安然度過生理、心理上的重大變化，呈現健康、充滿自信且精神飽滿的外表，展示出成熟女性的自然美。

怎樣吃最健康

◆適當均衡且多樣化的飲食

- 每天最好能攝取30～35種不同食物，提供不同營養素以符合身體所需。
- 注意膳食纖維、水分攝取，每天至少食用5種蔬果、喝2000cc以上的水。
- 飲食宜清淡自然，以新鮮食物為主，少吃醃漬或加工食物；並採用低油（少煎、少油炸）烹調法，如清蒸、水煮、涼拌等。
- 少用鹽、醬油、味精或其他濃縮調味料，最好以具自然風味的食材來增加料理美味，如香菜、芹菜、海帶、番茄、蘋果、鳳梨等，以減少鈉攝取量。

◆不可忽略鈣和鎂的攝取

衛生署建議成年婦女的鈣攝取量，不要低於600毫克；美國則建議停經後婦女之鈣攝取量，最好在1200毫克以上。但筆者曾對國內婦女的鈣攝取量做過調查，40～70歲婦女的鈣攝取量，僅達540毫克，非常需要加強。

更年期婦女要預防骨質疏鬆，一定要多吃鈣質含量豐富的食物，例如魩仔魚、蝦皮、條子魚、金鈎蝦、豆腐、芝麻、杏仁、莧菜、海帶、紫菜等。此外，鎂也是重要營養素，因為它不但可以維持心臟、肌肉、神經正常功能，還能預防鈣沉澱於組織及血管壁間，所以更年期婦女飲食不可缺少堅果類、五穀類、肉類及奶類等含鎂較多的食物。

◆美容、養顏營養素不可少

維生素A、C、E在體內扮演抗氧化作用，會與自由基結合產生保護細胞的功能，尤其在抗老化及養顏的角度上，是非常重要的營養素。因此，更年期婦女應多吃富含維生素A、C的蔬菜及水果，並適量食用富含維生素E的胚芽、花生及芝麻等，讓自己容光煥發。

◆多補充能舒緩情緒的營養素

維生素B群包括B_1、B_2、B_6、B_{12}及菸鹼酸等，分別在體內參與神經傳遞物質的合成、傳遞及維持神經細胞膜的完整，也有減輕疲勞及降低情緒不穩的作用。更年期婦女如果能多樣化選擇食物（如全穀類、奶蛋肉及豆類、酵母、香菇、綠色蔬菜等），補充足夠的維生素B群，對於身心都有很大的好處。

維持理想體重

人體基礎代謝，隨著年齡的增加而下降，更年期時，基礎熱量的需求更下降5～6%，很容易產生發胖現象。門診時常見有些更年期朋友，採取自行斷食的方式來減重，結果不但成功機會不高，還常常造成面容憔悴、皮膚有皺紋，反倒顯得蒼老，得不償失。因此，建議更年期婦女最好徵詢營養師意見，設計營養素、熱量符合本身需求的飲食計劃；如果想維持食量不變，就必須增加運動量且養成習慣，以免體重上升。

〔健康廚房〕遠離更年期障礙食譜示範

鄭金寶 營養師／食譜設計

什錦焗海鮮

起司、牛奶都是鈣質含量豐富的食物，搭配海鮮類食品，以橄欖油烹調，就是充滿南歐海洋風味的佳餚，適合更年期婦女補充鈣質之用。

》材　料

A. 花枝 100 公克、旗魚 100 公克、蝦仁 100 公克、洋菇 80 公克
B. 洋蔥 200 公克、蒜頭 5 顆、蛋 2 顆、起司絲 100 公克、牛奶 2 杯

》調味料

橄欖油 2 湯匙
鹽適量、番茄醬 2 湯匙

》作　法

1. 洋菇、洋蔥、蒜頭洗淨切片，花枝、旗魚、蝦仁洗淨切細條。
2. 起油鍋，爆香洋蔥、蒜片，再放入材料 A 及一半的起司絲，拌勻炒熟熄火放入蛋液拌勻，然後倒入牛奶、番茄醬拌勻，裝入烤皿內。
3. 將烤皿移入已預熱的烤箱，以 250℃的火力烤 10 至 15 分鐘。取出，表面灑上起司絲，再移入烤箱，烤至起司融化即成。

營養分析（一人份量）

營養素	
蛋白質（公克）	18
脂質（公克）	12
醣類（公克）	10
熱量（大卡）	220

營養分析（一人份量）

營養素	
蛋白質（公克）	14
脂質（公克）	15
醣類（公克）	10
熱量（大卡）	231

彩椒涼拌雞

在這道清爽的雞肉沙拉中，搭配不同顏色的青椒，使得菜色新鮮亮麗又可口。其營養素以抗氧化爲特色，可降低體內自由基，有抗老防衰預防老化作用。此外，蒜片中的蒜素，不但可以降低肝臟中膽固醇的合成，還是天然抗生素，可以預防細菌感染。

》材 料

A.檸檬汁50cc
　青椒／紅甜椒／黃甜椒各100公克
　小番茄150公克、香菇2朵
　蔥30公克、香菜20公克
B.雞肉片250公克、蒜片30公克

》調味料

橄欖油1湯匙
胡椒鹽少許
蒜泥、醬油各少許

》作 法

1. 所有材料洗淨；青椒、紅甜椒、黃甜椒切細條，香菇、蔥切細絲，香菜切碎，小番茄對切備用。
2. 選一中型鍋加水，煮開後，放入香菇、青椒和甜椒絲，大火煮開馬上撈起過冰水，瀝乾備用。
3. 鍋中水再度加熱，放入洗淨的雞肉片燙熟撈起盛盤，待冷卻後撕成細絲。
4. 將作法2、3中材料放入不鏽鋼鍋中，再倒入其他材料與檸檬汁及調味料拌匀，即可盛盤。

三杯油豆腐

黃豆製品含異黃酮素，油豆腐亦有，這些植物性化學物質具有抗氧化特性，能幫助降低自由基，並防止過氧化脂質的生成，是更年期婦女食物選擇之一。

》材　料

肉片120公克、油豆腐200公克
老薑100公克
蒜粒5顆、九層塔150公克

》調味料

酒3湯匙、醬油2湯匙
香油1湯匙

》作　法

1. 老薑切0.5公分厚片，蒜粒以刀背輕輕拍碎備用。
2. 起油鍋，爆香老薑片、蒜粒，拌入肉片大火翻炒，加入調味料後再放入油豆腐，以大火炒開，然後轉小火燜煮10分鐘。起鍋前，灑上九層塔翻炒一下即可盛盤。

營養分析（一人份量）

營養素	
蛋白質（公克）	10
脂質（公克）	10
醣類（公克）	5
熱量（大卡）	150

彩虹野菜

現代人生活緊張，每天5蔬果似乎仍不足以抗壓、抗氧化。本道食譜採用多種顏色蔬菜搭配，細絲入口，不但能攝取充分多元的營養素，更有回歸自然、享受菜根香之感，調整身心靈腳步，是更年期婦女提前養生防老的方法之一。

》材　料

A. 豆乾200公克
　　紅蘿蔔／紫高麗菜各150公克
B. 菠菜、韭菜、蘆筍各150公克
C. 芹菜末少許、小番茄數顆
　　蔥段10公克、薑絲10公克

》調味料

橄欖油2湯匙、鹽適量
胡椒粉少許、香油2茶匙

》作　法

1. 材料A洗淨切絲，材料B洗淨切段，小番茄洗淨切對半備用。
2. 起油鍋，爆香蔥、薑，拌入其他材料大火翻炒，然後倒入鹽調味，灑上胡椒粉，以大火拌炒均勻，再灑上香油，即可熄火。
3. 小番茄洗淨切對半，鋪排於盤上，中間放入作法2材料，再灑上芹菜末即成。

營養分析（一人份量）

營養素	
蛋白質（公克）	7
脂質（公克）	11
醣類（公克）	7
熱量（大卡）	155

營養分析（一人份量）	
營養素	
蛋白質（公克）	11
脂質（公克）	10
醣類（公克）	5
熱量（大卡）	154

魩仔魚蛤蜊蘿蔔湯

魩仔魚、蛤蜊都是富含鈣質的食物，對於更年期婦女來說，它們都是預防骨質疏鬆症的重要角色。搭配蘿蔔、薑絲煮湯，不但口感清爽，還可攝取纖維素、維生素C和微量元素，具有健胃消暑的好處。

》材　料

魩仔魚60公克
蛤蜊250公克
蘿蔔120公克、薑絲120公克

》調味料

鹽適量

》作　法

1. 將魩仔魚放在漏杓中以清水清洗，蛤蜊置於鹽水中吐沙，蘿蔔洗淨去皮切滾刀塊備用。
2. 起水鍋，放入薑絲、魩仔魚及蘿蔔，以中火煮熟後，再倒進蛤蜊煮至殼打開，加鹽調味即成。

什錦水果

水果富含維生素 A、C，是抗氧化營養素、番茄所含的茄紅素也是抗自由基的主要原素，對表皮細胞膜具有保護作用。

》 **材料**

A.西瓜 1000 公克
　木瓜 400 公克、芭樂 400 公克
B.櫻桃 150 公克
　蘋果丁 400 公克
　小番茄 150 公克

》 **作法**

1.西瓜、木瓜洗淨去皮去籽後，切成 3×3 公分小塊；芭樂洗淨去籽，切成小塊。
2.將作法 1 材料盛盤，再放上櫻桃、蘋果丁，最後加上小番茄即成。

營養分析（一人份量）

營養素	
蛋白質（公克）	-
脂質（公克）	-
醣類（公克）	40
熱量（大卡）	160

隨著社會的富裕及生活方式的西化，世界各國肥胖的盛行率逐年增加，而國人肥胖的比率與嚴重度也愈來愈高。

肥胖與代謝症候群、糖尿病、高血壓、高血脂症及部分癌症等疾病有關，故肥胖症已被視為21世紀全球最重要的健康問題之一。

許多研究也證實，若能減輕適當的體重（減少原始體重的5～10％），便可以減少罹患與肥胖相關的疾病，或降低相關疾病的嚴重度，因此，防制肥胖症應是未來國人的重要課題。

個論 **12**

肥胖症

飲·食·處·方

諮詢專家

黃國晉

現職：臺大醫院家庭醫學部主治醫師
臺大醫學院家庭醫學科臨床副教授

學歷：臺灣大學醫學系
臺灣大學流行病學研究所博士

孫萍

現職：臺大醫院營養師

學歷：輔仁大學食品營養學系碩士

〔請教醫師〕 **認識肥胖症**

黃國晉醫師（臺大醫院家庭醫學部）

肥胖症的定義

　　肥胖，是指身體有過多的脂肪堆積，因而造成身心功能及社交的障礙。一般來說，男性體脂肪超過25％，女性超過30％以上時，即可視為肥胖。

　　然而，測量體脂肪含量不易，且不同儀器測量也有所誤差，因此目前廣泛使用「身體質量指數」（body mass index，簡稱BMI），把體重（公斤）除以身高（公尺）的平方，來估計體脂肪含量，作為界定肥胖的標準值。

　　另外，當體脂肪分布集中於腹部時，肥胖相關疾病的罹病率及嚴重度也逐漸增加，因此腰圍亦可作為肥胖界定標準。以下，就是男女性的肥胖標準：

- **男性腰圍＞90公分**（約35.4吋）
- **女性腰圍＞80公分**（約31.5吋）

肥胖的發生原因

　　肥胖的原因，主要是進食攝入的熱量超過所消耗的熱量，導致多餘的熱量以脂肪形式儲存過多。而影響這種熱量平衡的因素包括：飲食、運動、生活型態、疾病、藥物及遺傳因素等。醫師必須了解患者肥胖的成因，才能進行個別化的治療與提供預防之道。

BMI ＝體重（公斤）÷ 身高的平方（公尺²）			
BMI ＞27	BMI 24.0～26.9	BMI 18.5～23.9	BMI ＜18.5
肥胖	過重	理想	過輕

肥胖症的診治

◆治療前的健康評估

治療肥胖最重要的原則，是在規劃治療肥胖的方法及內容時，考慮患者有無以下疾病或危險因子：

- 冠狀動脈硬化心臟病（包括心肌梗塞、心絞痛及是否曾接受冠狀動脈手術）。
- 其他粥狀動脈硬化疾病（包括周邊動脈疾病、腹部主動脈血管瘤，以及有症狀的頸動脈疾病等）。
- 第二型糖尿病。
- 睡眠呼吸停止症候群。
- 代謝症候群（腰圍大、三酸甘油脂高、高密度脂蛋白膽固醇低、空腹血糖高及血壓高等其中3項以上）。

如果有上述情形，表示病人的危險性極高，應立即治療肥胖，並須加強疾病處理和危險因子之改善。

提防心血管疾病的危險因子

以下心血管疾病的危險因子，如果有其中三個以上，就要積極治療肥胖、增加運動量，並努力降低三酸甘油脂：

❶ 抽菸。
❷ 高血壓。
❸ 低密度脂蛋白膽固醇過高（>160 mg/dl）。
❹ 高密度脂蛋白膽固醇過低（<35 mg/dl）。
❺ 空腹血糖不佳（110<空腹血糖<126 mg/dl）。
❻ 有早發性冠狀動脈硬化心臟病之家族史（指一等親內父系55歲或母系65歲以前，有冠狀動脈硬化心臟病者）。

◆肥胖症的藥物治療

經過飲食控制、運動及改善生活型態等3～6個月後，若仍無法達到目標，則可考慮使用適當藥物輔助減重（一般常用的合法藥物為諾美婷和羅氏纖）。不過，使用藥物時一定要找專業醫師或藥師，千萬不可自行服用來路不明或成分不清的藥物。而且，藥物的使用只是肥胖治療計畫的一部分，必須配合飲食控制、運動及改善生活型態等非藥物方法，才能達到體重控制的目的。

◆減重手術

通常手術可減少最初體重的25～35%，但也要考慮手術可能的併發症，因此一般肥胖者動手術的很少，只有在病人BMI＞35、有明顯的併發症，且使用以上方法都失敗時才採用。

目前，常用的手術方法有以下三種：

胃間隔術

將胃分成上面小袋及下面大袋，大約可減少超重部分的40～50%。由於此法較符合生理需求，所以是最被常使用的手術方法。

胃繞道術

將胃體與空腸連接在一起，大約可減少超重部分的50～60%。不過，此法併發症較多，國內甚少使用。

束胃帶

以調整帶將胃綁成小袋與大袋，其效果與胃繞道術相似，但併發症較少，可惜國內尚在進行臨床試驗中。

如何擺脫肥胖

造成肥胖的最重要原因，還是在於飲食及運動等生活型態與環境因子，因此，掌握以下生活原則相當重要：

◆飲食控制

這是治療肥胖最重要的方法，不管是哪一種飲食計畫，只要能使熱量達到負平

衡，就可以減少體重。一般來說，每天減少500大卡的熱量攝取，每星期即可大約減少0.45公斤（約1磅）的體重。

　　不過，均衡營養是健康減重的基本要件，因此應與營養師討論適合自己的飲食計畫，不要隨便節食。此外，也應改掉不當的飲食習慣，例如用餐速度過快、愛吃零食或宵夜、應酬、喝酒、邊看電視邊吃東西、飯後甜點吃太多或心情不佳時就吃東西等。

◆多運動

　　運動除了可以增加能量消耗外，更能提高基礎代謝率、增強肌力；另外，運動對心肺功能、血脂肪與血糖控制、心理健康也有極大助益。

　　很多人覺得運動很麻煩，常藉口沒時間、沒地方運動。其實，只要設定具體的運動計畫，不一定要做特定方式的運動，像爬樓梯和走路就是隨時可做的運動。平時提早一站下公車或捷運，或把車停在較遠的地方再走路，就可以輕鬆達到運動健身、消耗熱量的目的。

◆維持體重

　　減肥成功又復胖的情形很多，既然好不容易瘦下來，當然要盡量維持體重。減重後的體重維持，與所使用的減重方法有關，愈能維持適當生活型態者愈不易復胖，因此，有均衡飲食、規律運動且常量體重習慣的人，比較容易維持體重。

〔請教營養師〕 **遠離肥胖症飲食指南**

孫萍營養師（臺大醫院營養部）

低熱量飲食與減肥的關係

　　如今「肥胖」不再只是外觀的問題，而被視為一種慢性疾病，故飲食治療之目的，不僅在於降低熱量，也包含降低心血管疾病、高血壓及糖尿病等危險併發症的發生。

　　許多人對於低熱量飲食的觀念就是「少吃」，但少吃引起的低飽足感與飢餓感，很容易使人感到不舒服與挫折，進而放棄。事實上，低熱量飲食減少的只是吃入的熱量，食物的總體積量不但不可以降低，反而必須增加，才能長期的實行。

　　目前，低熱量飲食形成一股「輕食」（清淡飲食）風潮，以天然、原味與高纖的飲食特色。想要窈窕健康？只要均衡選擇份量多、營養高但熱量低的食物，不必餓肚子，就可以達成目標。

怎樣吃最健康

◆減重者的「輕食」基本原則

　　均衡：合理降低熱量，以及均衡攝取六大類食物，才能有效減少身體的脂肪量。市面上常見的高蛋白減肥法（俗稱「吃肉減肥法」或「阿金減肥法」）、水果減肥法（如蘋果減肥法）、蔬菜湯減肥法（如巫婆瘦身湯）或油魚減肥法，均屬於不均衡的飲食型態，可能會導致身體水分、電解質、營養素及蛋白質流失。

　　高纖：高纖的食物包括蔬菜、水果及全穀類，這類食物可以提昇飽足感，並延緩醣類的吸收。當降低熱量攝取時，就必須靠這類食物來填充我們的腸胃。

　　對於想減肥的人來說，第一優先是增加蔬菜類的攝取，因為它們熱量很低，又含有豐富的維生素、礦物質與抗氧化劑，是減重飲食中不減反增的重要食物。其次是主食類改為全穀類食材（如燕麥、胚芽米、糙米等），減少白米飯、白麵條及白

麵包等精緻食物的量或食用次數。

　　至於水果，雖然它們和蔬菜一樣含有豐富的維生素、礦物質及纖維等營養素，但因含醣量高，過量攝取仍會增加熱量來源，所以必須適當控制食用的份量（通常每日約兩份，可作為餐與餐之間的甜點替代品）。

　　少油：油脂熱量高，常隱藏於餐點中，使人不自覺攝入過多熱量。對於長期外食或喜好零食的肥胖者來說，能否「減少油脂攝取」，影響體重降低的成敗。

　　在油脂型態中，研究發現「飽和脂肪」會增加體內胰島素的阻抗作用。當血中胰島素濃度增加時，會增加身體脂肪量，使減肥更不易。因此建議烹調用油選擇「單元不飽和脂肪酸」含量高的植物油（如橄欖油、芥花油），並且適量的使用。

　　少糖：高糖量的食物，多數呈現低營養價值、高熱量及高升糖指數三大特色，不但會增加熱量，也容易刺激胰島素分泌，增加身體脂肪形成。因此，減少攝取甜食相當重要，如果仍期望能「吃甜頭」，可考慮使用「代糖」自製甜品。

　　少鹽：世界衛生組織對成人的建議量是每日不超過6公克鹽，但若是出現「代謝症候群」如高血壓、高血脂、高血糖、高胰島素血症的肥胖者，建議應降低至每日4公克鹽。

◆限制酒精攝取

　　流行病學研究發現，酒精的攝取量與肥胖有關，建議每日酒精的攝取量應控制在30公克以內（女性為15公克）。

◆調整飲食行為

　　儘管現代人生活緊湊，也不應省略任何一餐。用餐時要降低速度、細嚼慢嚥，每餐至少吃15～20分鐘以上，如此不但可以幫助消化，也可以讓大腦來得及釋放飽足的訊息，減少過食。

　　總之，成功的減肥計劃，在於生活化的執行。

　　採取「緩和而持續性」的降低體重策略：適度減少熱量攝取，配合飲食行為的修正與生活習慣的調整，才能順利達成目標，減少復胖的機會。

〔健康廚房〕 **遠離肥胖症**食譜示範

孫萍營養師／食譜設計

冬瓜鑲海鮮

利用蔬菜低熱量的特色，搭配於菜色中，以控制飲食的熱量攝取。增加蔬菜的攝取，可增加飽足感，延緩饑餓感的產生。

》**材 料**

冬瓜300公克
潮鯛魚片80公克
草蝦仁2尾、香菜適量
薑絲適量

》**調味料**

蠔油1茶匙

》**作 法**

1. 冬瓜洗淨去皮，切成厚寬片，中間再橫切二刀，不切斷。
2. 潮鯛切成四薄片，草蝦仁每尾橫切為二片，分別夾入冬瓜中。
3. 將作法2中之材料排盤，撒上薑絲及蠔油。
4. 蒸鍋中入水燒開，將盤放入蒸鍋，以中火蒸5至10分鐘，至冬瓜熟透。
5. 起鍋前撒上香菜即成。

營養分析（一人份量）

營養素	
蛋白質（公克）	5
脂質（公克）	5
醣類（公克）	8
熱量（大卡）	97

營養分析（一人份量）

營養素	
蛋白質 (公克)	14.6
脂質 (公克)	10
醣類 (公克)	10.7
熱量 (大卡)	191.2

香草咖哩雞

食用雞肉時，建議不吃皮，養成去除動物皮的習慣（如豬皮、雞皮、鴨皮、魚皮等），減少油脂熱量的攝取。將肉類搭配蔬菜烹調時，可增加菜餚的體積量，避免過量攝取含油脂量較多的肉類食物。

菜單設計時，有時可考慮添加水果的食材，除增添不同的風味外，也可減少糖的使用。

》材　料

雞腿 450 公克（約 3 支）
洋蔥 1 顆、蘋果 1 個、胡蘿蔔 1 根
新鮮迷迭香 1 段
咖哩粉 6 湯匙、橄欖油 1 湯匙

》醃　料

醬油 2 湯匙

》作　法

1. 雞腿洗淨切塊，以醬油醃 15 分鐘。
2. 洋蔥、蘋果及胡蘿蔔洗淨，去表皮後切成塊狀備用。
3. 取平底鍋，熱油後放入迷迭香至出味後，取出迷迭香，將雞腿放入拌炒至表面略呈金黃。
4. 放入作法 2 的材料及咖哩粉攪拌均勻，加入約 1/2 至 1 碗水，改小火燜煮至熟即成。

焗烤番茄

嬌女小番茄的大小介於聖女小番茄及大番茄間，約一口大小；若買不到此品種，可用大番茄取代。起司應選用低脂低鹽的產品，降低熱量與鈉的攝取。

因起司本身具有鹹味，所以本道菜餚不添加調味料。如需再降低油量，可將洋菇及青豆仁改為汆燙，再混合番茄果肉後填塞，即成為一道無油烹調的料理。

》材　料

嬌女小番茄400公克，約8個（可用大番茄替代）
洋菇60公克、青豆仁80公克、小章魚60公克
起司絲60公克、橄欖油1湯匙

》作　法

1. 青豆仁洗淨瀝乾，洋菇洗淨切小丁，番茄切一開口，挖出果肉。
2. 鍋中熱油，放入番茄果肉與洋菇、青豆仁以中火快炒。
3. 小章魚洗淨，入滾水燙熟，撈起後放入冷水中。
4. 將作法2中材料塞入挖空的番茄中，再移入已預熱的烤箱，以180℃的火力烤約10分鐘，至番茄軟化。
5. 取出烤盤，在番茄表面灑滿起司絲，再移入烤箱，烤至起司融化。
6. 將小章魚放於番茄口，入烤箱烤至起司略呈焦黃色即成。

營養分析（一人份量）

營養素	
蛋白質（公克）	12
脂質（公克）	8
醣類（公克）	29
熱量（大卡）	236

營養分析 (一人份量)		
營養素		
蛋白質 (公克)	3	
脂質 (公克)	1	
醣類 (公克)	9	
熱量 (大卡)	57	

蔬菜捲

將沙拉醬改為日式和風醬可減少油脂熱量的攝取，也可選擇優格醬或果醋醬來變化食譜的風味。

蔬菜的材料也可更換為不需加熱的：紫高麗、苜蓿芽、胡蘿蔔、小黃瓜、西芹等。

》材　料

捲心萵苣8葉、敏豆4根
金針菇1把、玉米筍8條
韭菜8株

》調味料

海苔粉1至2湯匙
柴魚粉1茶匙
日式和風醬2湯匙

》作　法

1. 捲心萵苣洗淨，瀝乾備用。
2. 敏豆、金針菇及玉米筍洗淨，切成4至5公分小段，燙熟備用。
3. 韭菜洗淨燙熟，做為繫繩。
4. 捲心萵苣葉攤平，將作法2之材料排列於上，撒上海苔粉及柴魚粉，淋上和風醬後，將萵苣葉捲起，以韭菜紮緊即成。

苦瓜排骨湯

珍珠苦瓜可先汆燙減少苦味。

低熱量飲食的攝取方法，可先喝湯或先吃青菜，讓自己有點飽足感後再吃飯菜，可避免在饑餓狀況下吃下過多高熱量的食物。

排骨湯可先去浮油後再食用。

》材　料

珍珠苦瓜 1 條
小排骨 120 公克

》調味料

鹽少許

》作　法

1. 珍珠苦瓜洗淨，切對半後去籽，切成滾刀塊，放入滾水中汆燙約 5 分鐘後撈起。
2. 鍋中入水，大火將水煮滾後，將小排骨倒入汆燙，撈出以冷水沖洗。
3. 湯鍋中重新裝入七分滿的水，煮開後放入小排骨及苦瓜，湯汁滾後改小火，燜煮至小排骨熟爛。
4. 熄火前，加入少許鹽調味。

營養分析（一人份量）	
營養素	
蛋白質（公克）	4
脂質（公克）	3
醣類（公克）	3
熱量（大卡）	55

低熱量冰品

採用愛玉、仙草、白木耳、蒟蒻四種幾乎無熱量的食材，將糖改爲「代糖」，設計成一道熱量極低的甜點，可做爲減肥者的日常點心。

也可搭配各種水果丁，不但顏色多彩、口感豐富，還可以多攝取各種維生素。

》材　料

愛玉 1 碗、仙草 1 碗
蒟蒻丁 1 碗
白木耳 4 朵
檸檬絲少許

》調味料

代糖 4 小包

》作　法

1. 蒟蒻丁先以白醋浸泡 15 至 20 分鐘後，以冷水沖洗後瀝乾備用。
2. 愛玉及仙草洗淨，切成丁狀。
3. 白木耳泡軟後，去蒂頭，剝成小朵。
4. 取 3 碗冷開水，加入代糖，製成糖水。
5. 將愛玉、仙草、白木耳及蒟蒻倒入混勻，放入冰箱中冰涼後取出，灑上檸檬絲裝飾即可食用。

營養分析（一人份量）	
營養素	
蛋白質（公克）	-
脂質（公克）	-
醣類（公克）	-
熱量（大卡）	-

憂鬱症是常見的精神疾病之一。嚴重的憂鬱，可能破壞患者及家屬的生活品質，增加患者的依賴性，同時也增加生活照護人力與經濟成本。

社區的調查研究顯示，憂鬱症盛行率各地差異很大，其範圍約為20％不等，這與各地民眾對壓力的感受度不同有關。

憂鬱可以是一種症狀，也可以是症候群，嚴重的憂鬱症，需要及時且積極的醫療介入。

個論 **13**

憂鬱症
飲·食·處·方

諮詢專家

廖士程
現職：臺大醫院精神部主治醫師
學歷：臺北醫學大學醫學系

黃素華
現職：臺大醫院營養師
學歷：臺北醫學大學保健營養研究所碩士

〔請教醫師〕**認識憂鬱症**

廖士程醫師（臺大醫院精神部）

正視壓力的來源

壓力，一般分為「心理社會性壓力源」和「生理性壓力源」。前者係指經由人的認知判讀，而造成個人的壓力；後者則是指壓力本身直接經由生理作用而來，直接對人體引發壓力反應。

生活壓力事件經由個人認知判斷，如果其意義是不確定性或是具有威脅性，就會引起焦慮；如果事件的意義是挫折，會引起憤怒反應；如果事件的意義是失落，則會引發憂鬱。

壓力帶來的身心影響

在壓力源的作用下，身體各器官受到神經和內分泌兩大系統的作用，處於活化狀態；當壓力源除去或減弱時，身體便會積極重建，維持原來的平衡狀態。如果壓力源持續，體內適應機轉耗竭，身體便會出現疾病或功能失調的徵候，也就是所謂的心身症，甚至形成精神科疾患，如焦慮症、憂鬱症等。

憂鬱症的臨床症狀

憂鬱症是常見的精神疾病之一，嚴重的憂鬱，可以破壞患者及家屬的生活品質，增加患者的依賴性，同時也增加生活照護人力與經濟成本。憂鬱可以是一種症狀，也可以是症候群，嚴重的憂鬱症，需要及時且積極的醫療介入。

憂鬱症的診斷分類及異質性很大，基本上，常見的臨床症狀與表徵如下：

● **情緒症狀**：特殊性質的憂鬱，已達社會功能障礙之程度，且最少持續兩星期以上。

- **生理症狀**：睡眠減少、食慾降低或增加、體重降低或增加、性慾減退。
- **認知症狀**：注意力不集中、挫折忍受度降低、記憶力減退、思考呈現負面扭曲。
- **衝動控制能力受損**：有高自殺傾向。
- **行為表現**：動機減少、興趣降低。
- **身體症狀**：頭痛、胃痛、肌肉緊張等多種與自主神經功能相關的不適。

憂鬱症的診治

　　憂鬱症的治療，包含生物、心理、社會三層面，唯有「三管齊下」才能奏效。

　　目前，在生物性治療方面，以抗憂鬱藥為主。此外，也有其他針對特殊狀況的生物性治療法，如電痙攣療法、照光治療等。在心理、社會方面，則視個案需求及特性，實施支持性心理治療、認知行為治療、家族治療，以及團體治療等。藉由整合生物、心理、社會三層面的醫療模式，協助患者走出憂鬱。

如何預防憂鬱症

- **積極從事體育活動**：運動好處很多，藉由肌肉的運動和韌帶的伸張，所產生的舒筋活血功效，不但可以增強我們的體力和腦力，還能減輕疲勞、緊張和憂鬱。
- **學習放鬆自己的身體**：現代上班族工作壓力大，活動量少，經常坐在辦公桌前，所以肌肉常是硬梆梆的。長期肌肉的緊張，不但束縛了我們的感覺和心情，也限制了全身活動的能量。下班回家後，做做柔軟操、泡個舒服的熱水澡，或是好好按摩一番，徹底放鬆身體，對於心靈的放鬆絕對有所助益。
- **均衡營養的飲食**：罹患憂鬱症的人，體能喪失的特別快，一定要補充足夠的能量，因此，均衡營養的飲食相當重要。
- **保持心理健康**：改變自我的負面認知態度，建立成熟的心理防衛機轉，好好規劃生活、培養個人興趣，是常保快樂、遠離憂鬱的最好方法。

〔請教營養師〕 # 遠離憂鬱症飲食指南

黃素華營養師（臺大醫院營養部）

憂鬱與飲食的關係

經常處於沮喪、憂鬱、壓力狀況下的人，除了有人際疏離感之外，體力也往往低落，此時，身體對某些營養素的需求量會增加，特別是維生素 B 群、維生素 C 等，如果沒有食慾、不吃東西，情況就會更加惡化，有時甚至會形成厭食症，讓身體拉警報。

除了厭食症外，憂鬱症也有可能伴隨強迫症，有些人會以不停地吃，來作為減壓的方法。導致肥胖結果帶來自尊低落，使患者更加憂鬱、吃得更多，形成惡性循環。

有鑑於此，治療憂鬱症除了服用藥物之外，飲食更應著重均衡營養，以及補充抗憂鬱營養素，來達到改善憂鬱症之目的。許多專家學者發現，維生素 B 群和憂鬱症具有相關性，Pennix,et al 指出，年老婦女缺少維生素 B_{12}，與罹患重度憂鬱症有關；另外，Maes,et al.也發現，憂鬱症患者血液中維生素 E 的濃度較低，因此認為在憂鬱症患者體內，抗氧化的防衛能力有降低的趨勢。

怎樣吃最健康

◆均衡營養的飲食

飲食一定要以「均衡營養」為基礎，每天都必須吃到足夠的六大類食物——奶類、主食類、肉魚豆蛋類、蔬菜類、水果類及油脂類。

◆多補充抗憂鬱營養素

多食用富含維生素 B 群、維生素 C、維生素 E 的食物，例如柑橘類水果、綠色蔬菜、糙米、酵母、肝臟、牛奶、酸乳酪，以及含碳水化合物的豆類、胚芽油等，對於憂鬱狀況的改善很有助益。

◆偶爾給自己吃點「甜頭」

糖果之類的單醣類食物，可以使人放鬆心情；而多醣類食物如奶類、果汁、香蕉等，則可使腦部產生安定作用。因此，當心情「鬱卒」時，不妨給自己吃點「甜頭」，但記住不能過多，否則久了會胖哦！

遠離憂鬱不可少的維生素

維生素	營養功效	食物來源
B$_1$	對於大腦細胞從血糖中攝取能量相當重要。	胚芽米、麥芽、動物肝臟和瘦肉、魚卵、蛋黃、豆類（綠豆尤佳）、酵母、蔬菜等。
B$_6$	是一種輔助酵素，能幫助胺基酸的合成與分解，提供身體足夠的能量。	糙米、花生、動物的肝臟和腎臟、肉類、魚類、蛋、豆類、牛奶、酵母、蔬菜等。
B$_{12}$	缺乏時會直接影響神經細胞，並引起貧血，出現憂鬱症狀。	動物的肝臟和腎臟、瘦肉、蛋、奶製品等。
C	能增加免疫系統的能力，使細胞保持良好狀態，對緊張做出反應很重要。	深綠及黃紅色蔬菜、水果（例如青椒、番茄、柑橘及檸檬等）。
葉酸	能幫助血液形成，防治惡性貧血，避免出現憂鬱症狀。	動物的肝臟和腎臟、瘦肉、新鮮的綠色蔬菜等。
菸鹼酸	是食物分解轉化成能量過程中的重要角色，並有益神經系統的健康。	糙米、全穀類製品、動物的肝臟、瘦肉、魚類、蛋、乾豆類、牛奶、酵母、綠色蔬菜等。

◆增加膳食纖維的攝取

英國的一項研究發現，有慢性便祕的婦女，較容易出現焦慮和憂鬱的現象。因此，飲食中增加膳食纖維的攝取，如多吃各類蔬菜、燕麥、蒟蒻等，加上有氧運動配合，不但可以改善便祕，更有助重度憂鬱症的治療。

最後提醒大家，除了飲食和運動之外，生活改善也很重要。

讓生活的安排多點變化，盡量不要維持一成不變的步調，平時參加一些義工活動、培養興趣嗜好、從事音樂或電影欣賞，或出外走走郊遊旅行等，都能為生活帶來許多樂趣。

更重要的是維持家人親密關係，只要能獲得家人支持，就可以讓患者重拾信心，減輕憂鬱的負擔。

〔健康廚房〕

遠離憂鬱症食譜示範

黃素華營養師／食譜設計

西式牛肉

牛腱肉含豐富的蛋白質及鐵質，提供優質的蛋白質來源。

》材　料

牛腱肉120公克、培根20公克
甜椒（紅、黃）各50公克、洋蔥50公克
番茄50公克、西洋芹末2湯匙
巴西里末2湯匙

》調味料

紅酒2湯匙、鹽少許、橄欖油1湯匙

》作　法

1. 牛腱肉切薄片燙熟，培根切片炒熟，甜椒、洋蔥、番茄等切片裝盤備用。
2. 將西洋芹末、巴西里末灑在牛腱肉片上及調味料拌勻即成。

營養分析（一人份量）

營養素	
蛋白質（公克）	7.5
脂質（公克）	7.5
醣類（公克）	2.5
熱量（大卡）	76.2

營養分析（一人份量）	
營養素	
蛋白質（公克）	7
脂質（公克）	5
醣類（公克）	7.5
熱量（大卡）	105

紅棗雞

腦細胞間傳遞物質（約十種）多為胺基酸組成，飲食中若長期攝取不足的蛋白質，那麼就無法提供足夠的胺基酸來製造神經傳遞物質，腦部血清素（serotonin）濃度下降，可能會造成嗜睡、冷漠、失眠、憂鬱等症狀，飲食中宜攝取足夠的高生理價的蛋白質。

》材　料

雞腿2隻（260公克）、紅棗9顆
黑棗4顆、枸杞少許、黃耆少許
當歸少許、薑1根

》調味料

米酒1湯匙

》作　法

1.雞腿洗淨切斷，與其他所有材料一起放入盅內。
2.加水淹過材料，先大火滾開改成小火燉1至1.5小時。
3.加入米酒再燉10分鐘即成。

大豆五木

飲食中增加纖維素的攝取，如各類蔬菜、豆類、燕麥、果凍，蒟蒻等，可以改善便祕的習慣。而大豆亦含有豐富的蛋白質，並可提供多種礦物質，是爲素食者攝取優良蛋白質的來源之一。

》材　料

黃豆 1/3 杯、蒟蒻 120 公克
胡蘿蔔 120 公克、白蘿蔔 120 公克
乾香菇 30 公克、金針 30 公克

》調味料

味醂 1 湯匙
酒、糖各 1 湯匙
醬油 1 湯匙、油 1 湯匙半

》作　法

1. 黃豆泡水 4 小時以上、香菇泡軟；其餘材料均切成丁狀備用。
2. 起油鍋，先入香菇爆香，續放金針及其他材料，煮約 2 至 3 分鐘。
3. 加入調味料拌炒一下，並加水淹過食材，燒至熟爛即成。

營養分析（一人份量）

營養素	
蛋白質（公克）	7.8
脂質（公克）	6.1
醣類（公克）	7.5
熱量（大卡）	133.8

素炒花椰菜

十字花科蔬菜種類繁多，例如花椰菜、包心菜、高麗菜、芥蘭菜、白蘿蔔等，除了含有豐富的纖維素之外，亦含有多種的植物化學物質，具有防癌的作用，亦提供多量的抗氧化物質，如維生素C。

》**材 料**

綠花椰菜400公克
假蟹肉絲30公克

》**調味料**

油1湯匙半、鹽適量

》**作 法**

1. 綠花椰菜洗淨切塊備用。油鍋燒熱，放入蟹肉絲炒熟盛起。
2. 另起熱油鍋，放入花椰菜炒熟。
3. 最後加入調味料拌勻，灑上蟹肉絲即成。

馬鈴薯蛤蜊湯

每天需攝取到六大類的食物，包括奶類、主食類、肉魚豆蛋類、蔬菜類、水果類及油脂類，此道味美鮮湯具備五大類食物特點，攝取到均衡的營養。

》**材　料**

馬鈴薯 90 公克、蛤蜊 12 個
洋蔥 50 公克、火腿 30 公克
冷凍三色豆 40 公克
中筋麵粉 1/3 杯、鮮奶 1/4 杯

》**調味料**

鹽適量
黑胡椒粉少許（依喜好加）

》**作　法**

1. 馬鈴薯洗淨削皮切丁、洋蔥與火腿各切丁、蛤蜊吐沙洗淨備用。
2. 燒熱開水，放入馬鈴薯丁，約半軟後，續放入蛤蜊、洋蔥丁、火腿丁及冷凍三色豆。
3. 煮 5 分鐘後加入麵粉水及鮮奶待燒開，放入調味料拌勻即成。

營養分析（一人份量）	
營養素	
蛋白質（公克）	6.8
脂質（公克）	3
醣類（公克）	20.8
熱量（大卡）	141.3

薰衣草茶

飲食不可暴飲暴食或拒吃，如此一來不僅擾亂體內營養素的代謝，更使得體內器官蒙受其害，胃腸消化道疾病叢生。應於固定的時間用餐，音樂欣賞、使用精油或薰衣草之芳香療法可有放鬆心情之效。

》**材 料**

薰衣草 1 湯匙、甘菊花數朵
甜橙片 1 片

》**調味料**

蜂蜜 2 湯匙

》**作 法**

1. 燒開水加入薰衣草及甘菊花泡開。
2. 淋入蜂蜜，擺上一片甜橙片即成。

營養分析（一人份量）		
營養素		
蛋白質（公克）	-	
脂質（公克）	-	
醣類（公克）	7.5	
熱量（大卡）	30	

Family健康飲食HD5013Y

15 大慢性病飲食全書【全新修訂版】

作　　者 臺大醫師與營養師
發 書 人 林小鈴
責任編輯 陳玉春

行銷經理 王維君
業務經理 羅越華
總 編 輯 林小鈴
發 行 人 何飛鵬
出　　版 原水文化
　　　　　台北市民生東路二段141號8樓
　　　　　電話：02-2500-7008　傳真：02-2502-7676
　　　　　網址：http://citeh2o.pixnet.net/blog　E-mail：H2O@cite.com.tw
發　　行 英屬蓋曼群島商家庭傳媒股份有限公司城邦分公司
　　　　　台北市中山區民生東路二段141號2樓
　　　　　書虫客服服務專線：02-25007718；25007719
　　　　　24小時傳真專線：02-25001990；25001991
　　　　　服務時間：週一至週五9:30～12:00；13:30～17:00
　　　　　讀者服務信箱E-mail：service@readingclub.com.tw
劃撥帳號 19863813；戶名：書虫股份有限公司
香港發行 香港灣仔駱克道193號東超商業中心1樓
　　　　　電話：852-25086231　傳真：852-25789337
　　　　　電郵：hkcite@biznetvigator.com
馬新發行 馬新發行 城邦（馬新）出版集團
　　　　　41, JalanRadinAnum, Bandar Baru Sri Petaling,
　　　　　57000 Kuala Lumpur, Malaysia.
　　　　　電話：603-905-78822　傳真：603- 905-76622
　　　　　電郵：cite@cite.com.my

美術設計 綠精靈設計工作室
製版印刷 科億資訊科技有限公司
初版一刷 2007年12月24日
初版五刷 2010年1月12日
二版一刷 2014年10月21日
三版一刷 2018年6月5日
三版二刷 2018年7月18日

定價 400元
ISBN：978-986-7069-51-1(平裝)
EAN：471-770-290-349-7

城邦讀書花園

國家圖書館出版品預行編目資料

15大慢性病飲食全書【全新修訂版】/臺大醫師與
營養師合著. – 初版. -- 臺北市：原水文化出版：家
庭傳媒城邦分公司發行, 2007.11
　面；　公分　（Family健康飲食系列；13Y）
ISBN 978-986-7069-51-1（平裝）
1.健康飲食　　2.慢性病防治　　3.食譜

411.3　　　　　　　　　　　　　　　96021631